Ulrich Lieb

PROFI-TIPPS
FÜR DIE
MODELLBAHN PLANUNG

PROFI-TIPPS FÜR DIE MODELLBAHN PLANUNG

Ulrich Lieb

transpress

Einbandgestaltung: Sven Rauert

Foto: Ulrich Lieb

Bildnachweis:
Die zur Illustration dieses Buches verwendeten Aufnahmen stammen – wenn nichts anderes vermerkt ist – vom Verfasser.

ISBN 978-3-613-71710-7

1. Auflage 2024

Sie finden uns im Internet unter www.transpress.de

Lektor: Hartmut Lange
Innengestaltung: Jürgen Knopf, Medien und Printprodukte, 74321 Bietigheim-Bissingen
Druck und Bindung: HUNTER Books GmbH, Kleyerstraße 3, 64295 Darmstadt
Printed in Germany

Vorwort

Nach wie vor lockt viele Menschen die Beschäftigung mit der Modelleisenbahn. Glücklich der, der irgendwo in seiner Wohnung ein Plätzchen für die Modellbahn übrig hat. Nicht wenige werden an ihren bestehenden Anlagen weiter bauen, viele aber müssen vielleicht erst mal eine Anlage aufbauen.
Und schon ist guter Rat teuer. Hört man, nur so zum Spaß, im Modellbahngeschäft mal einem Beratungsgespräch für einen Neu- oder Wiedereinsteiger in die Beschäftigung mit der elektrischen Eisenbahn zu, so scheint sich der Kunde oftmals weniger für die Möglichkeiten dieser oder jener Startpackung zu interessieren. Schon oft wurde ich Zeuge, als der Kunde fragte: »Ja das ist ja alles schön und gut. Doch wie soll ich denn anfangen? Mit einem Kreis, oder?«
Es ist klar, dass der Fachhändler diese Frage nicht auch noch beantworten kann. Und selbst wenn er es denn wollte, ist es überhaupt möglich, eine solche Frage kurz und bündig zu beantworten? Ich glaube nicht.
Oft konnte man Zeuge werden, dass so mancher Kunde bald wieder frustriert im Laden aufgetaucht ist und ratlos nach Aufbautipps gefragt hat. »Ich kann gerade mal mit dem Finger über den Staub auf der Platte fahren, aber Bauideen habe ich keine. Wie lege ich denn so einen Gleisplan am besten an?« Nun wird so mancher Hobbykollege angesichts dieser Ratlosigkeit genervt die Hände über dem Kopf zusammenschlagen und als gut gemeinten Rat dem Frischling ein »Ja, mein Gott, dann kauf' dir halt ein Gleisplanbuch«, entgegnen. Was wird passieren? Der Käufer findet dann unzählige gute und vielleicht auch weniger gute Gleispläne und er wird – möglicherweise – einen daraus verwirklichen; später wird er – hoffentlich – den Mut finden, eigene Pläne zu entwerfen. Fein! Mich erinnert solch ein Vorgehen immer ein wenig an den Fahrschüler, der erst einmal ein Auto kauft, anschließend den Führerschein macht und erst dann merkt, dass das alles recht teuer ist und er eigentlich doch gar kein Auto braucht, weil ihm das Fahrradfahren mehr Spaß macht!
Ist es denn nicht wichtiger, dass der angehende Modellbahner und »Gleisplanentwerfer« bestimmte Gesetzmäßigkeiten der Gleisplanung kennen lernt und begreift? Ist es nicht wünschenswert, dem ratlosen Anfänger die notwendige Starthilfe zu geben? Wäre es denn nicht sinnvoll, eine Art Drehbuch vom Grundriss der Geschichte der zukünftigen Modellbahn bis zur Umsetzung des Konzepts für eine entstehende Modellbahn zu schreiben, das die gangbaren Wege – und natürlich auch Irrwege, weil man von denen am meisten lernt! – aufzeigt?
Dieses Buch möchte im Planungsdschungel ein wenig Orientierung bieten und Strukturen schaffen. Ein großer Anspruch, den das vorliegende Buch da formulieren will, gewiss. Aber es wäre nicht geschrieben worden, wenn ich nicht in vielen Gesprächen den Eindruck gewonnen hätte, dass es viele motivierte Einsteiger in die Modellbahnerei gibt, aber viele einfach nicht wissen, wie sie am besten anfangen sollen. »Ich will halt nicht bloß einen Kreis

aufbauen, sondern es sollte schon etwas Ausbaufähiges ein.« So oder ähnlich lautete der Tenor vieler Gesprächspartner.

Ziel des Buches ist es also auch, die verschiedenen Startmöglichkeiten mit der Modellbahnerei aufzuzeigen. Dabei geht es immer um ausbaufähige und weiter entwickelbare Konzepte in überschaubarer Form, nicht jedoch um das Großprojekt, das der Einzelne ohnehin kaum bewältigen kann, von der Finanzierbarkeit einmal ganz zu schweigen.

Es geht mir auch nicht darum, den – wie man in manchen Publikationen lesen kann offenbar notwendigen – Weg vom oftmals zu Unrecht belächelten »Spielbahner« zum »ernsthaften Modellbahner« aufzuzeigen. Vereint denn nicht alle »Freunde der elektrischen Modelleisenbahn«, um es einmal wertneutral zu beschreiben, die Liebe zu den Verkleinerungen und dem Spiel mit ihnen?

Es mag Genies unter den Modellbahnern geben, die ohne Planung eine brauchbare Modellbahn hinbekommen. Für sie ist das Buch nicht gedacht. Die Erfahrung hat aber gezeigt, dass eine vernünftig funktionierende Modellbahnanlage ein gewisses Maß an Vorüberlegungen und Planungen benötigt. Denn nur so ist hinterher ein befriedigendes Ergebnis gewährleistet. Schließlich bemisst sich dieses Ergebnis nicht nur daran, dass der kleine Zug einigermaßen störungsfrei seine Runde beendet.

Nein, zu einer gelungenen Modellbahn gehört einiges mehr: Neben dem geeigneten Raum und einem passenden Unterbau müssen auch Gleisanlagen und der mögliche Betrieb stimmen. Nur im Zusammenspiel dieser Parameter ergibt sich ein über Jahre befriedigendes Spiel mit einer Modellbahn und macht sie zum anspruchsvollen Hobby, das den Vergleich auch mit prestigeträchtigeren Freizeitvergnügungen nicht scheuen muss.

Besonderer Dank geht an all diejenigen, die zum Gelingen dieses Buchprojekts beigetragen haben.

Ulrich Lieb

1. Einleitung

Vor nicht allzu langer Zeit hatte ich bei einem freundlichen Menschen geschäftlich zu tun. Nach Ende der Besprechung gab er zu erkennen, dass im Keller seines Hauses eine Modellbahn ihre Runde drehe. Natürlich bat ich darum, sie anschauen zu dürfen.
Auf den ersten Blick eine gelungene Anlage, dachte ich: Ein kleiner Bahnhof mit ansprechendem Gleisplan, nicht zu viele Gleise auf zu wenig Raum, alles eingebettet in hübscher, gekonnt gestalteter Landschaft. Belebte Bahnsteige, eine Siedlung mit zahlreichen Menschlein auf der Straße und in den Gärten, überzeugender Bewuchs mit ausreichend großen Bäumen. Da war wohl ein Meister am Werk!
Und schon präsentierte der Erbauer seine Zugparade. Als erstes machte die Dampflok vor dem Güterzug auf der zu steilen Steigung schlapp. Die dann vorgespannte Diesellok schaffte es dann den Zehnwagenzug zu schleppen. Doch im Bahnhof angekommen sah das Ganze dann unpassend aus: Die Bahnsteige waren zu kurz, der Zug erinnerte an einen Ring Bratwürste im zu kleinen Topf, um mal ein abgegriffenes Bild zu benutzen.
Schnell rauschte der Zug wieder aus dem Bahnhof hinaus. Auf meine Frage, warum denn jetzt nicht ein wenig rangiert werden würde, antwortete der Erbauer: »Ach wissen Sie, das funktioniert nicht so gut. Ich habe den Güterschuppen falsch herum angeschlossen, kann ihn nur mit Sägefahrten und ewigem Hin und Her erreichen. Na ja, und auf den Weichen bleibt die Lok halt gerne stehen.«
Vertiefte man sich ein wenig in den Gleisplan der optisch gewiss gelungenen Anlage, wurde es klar: Die Bahnsteige waren zu kurz, die Gütergleise reichten für die Abfertigung von Zügen nicht aus, es gab keine Zugbildungs- und kaum Rangiermöglichkeiten. Der ganze Gleisplan war eher von einem Künstler unter ästhetischen Gesichtspunkten (was nichts Schlechtes sein soll) als von einem betriebsorientierten Modellbahner entworfen worden. Hinzu kamen erhebliche Mängel: Weichenkombinationen, die unweigerlich zu Entgleisungen, zumindest aber zu erheblichen Schwierigkeiten beim entgleisungssicheren Betrieb führten, ungeeignete Triebfahrzeuge auf teilweise schlampig verlegten Gleisen usw.
Klar, die Anlage machte zunächst einmal viel Spaß und verbreitete gewiss viel Freude. Aber jede Wette: Die Betreiber haben bald den Spaß verloren, weil Defizite in Planung, Betriebs- und Verkehrsidee – von mangelhafter Bauausführung mal ganz abgesehen – die Spielfreude bald verdorben haben dürften.
Es mag Modellbahn-Asketen geben, die jahrein-jahraus ein denselben Zug durch den Bahnhof mit seiner einen Weiche jagen. Wenn es Ihnen gefällt, ok. Für gewöhnlich aber stellt der Modellbahner etwas mehr Anforderungen an den Betrieb und angesichts der nicht geringen Investitionen für eine Modellbahn sollte das Geld ja auch irgendwie wieder rausschauen und sei es durch die – gewiss nicht lang anhaltende – Freude beim Betrachten der Fahrzeugsammlung, die im Bahnhof rumsteht und diesen verstopft, weil dessen Gleisplan nicht für die Bewältigung des Verkehrsaufkommens vorgesehen und gebaut worden war.
Damit kein Missverständnis entsteht: Es geht hier nicht darum, jemandem die Freude am Betrieb mit einem Oval zu vergällen. Vielmehr ist es das Ziel des Buchs, ein Leitfaden bei der Planung einer ausgewogenen und auf Jahre hin kurzweilig und abwechslungsreich zu betreibenden Modellbahn zu sein.
Zurück zur oben skizzierten Anlage des Geschäftsfreundes: Von den betriebstechnischen Unzulänglichkeiten abgesehen, stieß man beim Betrachten der Anlage im wahrsten Sinn des Wortes auf ein weiteres Problem: Die Anlage stand auf Böcken aus dem Baumarkt und

Planung – großer Aufwand für die Modellbahn. Klar. Sinnvoll? Auf alle Fälle, denn die Bahn soll ja über Jahre hin Freude verbreiten. Das Buch soll ein wenig in die Geheimnisse der gelungenen Planerei einführen, auf dass sich die Miene des Modellbahners aufhellt – gerade so wie die kleine Köf aus dem Dunkel ans Licht tuckert…

pendelte beim Anstubsen hin und her; die einzelnen Platten lagen lose ohne Versteifungen auf den Holzböcken und hingen entsprechend durch, sodass die Züge beim näheren Hinsehen eine gelinde Berg- und Talfahrt vollführten – auch in der Ebene.
Keine Frage, das konnte keinen Spaß machen, zu schwer wogen die Planungs- und daraus resultierenden Baufehler. In dem geschilderten Fall kam eigentlich nur ein Neubau in Frage, schade um die gelungene Landschaft und das darin investierte Geld, aber was hilft's? Gerade angesichts der Kosten einer Modellbahn sollte man einen reellen Gegenwert erwarten (dürfen), und der liegt nicht darin, sich mit Unzulänglichkeiten abzufinden.

1.1. Der Plan

Der Modellbahner gelobt also Läuterung und entscheidet sich die neue Anlage erst nach reiflicher Planung zu bauen. Also macht er sich einen Plan.
Was ist ein Plan? »Vorhaben, Absicht« steht da im Lexikon, das der kluge Mann bekanntlich gern zu Rate zieht. Und nachgeschoben wird gleich »einen Plan ausführen, verwirklichen«. Doch es gibt noch zwei weitere Erklärungen: »schematische Zeichnung aus der Vogelschau, Grundriss«. Aha! Und dann heißt es auch noch »Skizze für eine zu leistende Arbeit, ein Vorhaben, Einteilung einer Arbeit, eines Vorhabens«. Ah, ja! Dass sich das Wort »Plan«

von der lateinischen Bezeichnung für »Fußsohle«, »planta«, herleitet – man hat schließlich ein gutes Lexikon –, mag in diesem Zusammenhang vielleicht nur am Rande interessieren. Aber: Festzuhalten bleibt, dass der Plan sozusagen die »Fußsohle« unserer ganzen künftigen Modellbahnseligkeit ist. Bleiben wir bei dem Bild: ist die Sohle verletzt, humpeln wir, haben Schmerzen und sind mit der Fortbewegung unzufrieden; respektive wird uns die aus untauglichem Plan entstandene Modellbahn kaum zufrieden stellen, geschweige denn über Jahre die Freude und Entspannung liefern, die wir uns ja beim Bauen und Spielen erhoffen. Weil man ja aus Fehlern lernt (es zumindest sollte), sollen in dem Buch etliche mögliche Fehlerquellen aufgezeigt werden. Denn das Ziel dieses Buchs ist es einen gangbaren Weg zu einer Modellbahn zu zeigen, die über Jahre hinweg Freude vermitteln soll. Schließlich ist die Modellbahnerei ein teurer Spaß, der schon aus diesem Grund die Investitionen in Form von Freude zurückgeben sollte.

Die richtige Modellbahnplanung legt ein Betriebskonzept zugrunde, damit die Züge nicht nur irgendwie herumfahren, sondern einem gedachten Verkehrsplan folgen. Das ergibt wahrhaft »unbeschränkten« Spielspaß.
Foto: Jochen Frickel

1.2. Das große Vorbild

Wenn man sich ganz unbedarft mit der Modellbahnerei zu beschäftigen beginnt, lohnt sich immer ein Blick auf das Vorbild. Wie geht die große Eisenbahn beim Bau einer neuen Strecke vor?
Bevor die ersten Schwellen verlegt werden können, rücken zunächst Ingenieure, Vermesser und Zeichner an, um die Gegebenheiten zu erfassen, zu berechnen und schließlich in einem Plan niederzulegen. Denn jede Streckenverbindung setzt genaueste Kenntnisse der Topographie voraus. Dabei ist eine direkte Verbindung von A-Stadt nach B-Dorf selten möglich – und der Bürgermeister von C-Kaff will auch noch unbedingt den Bahnanschluss. Es gilt natürliche Hindernisse wie Flüsse, Täler, Höhenzüge, Straßen und Kanäle, Dörfchen und Städtchen, zu berücksichtigen, Kunstbauten wie Brücken oder Tunnel vorzusehen. Erst nachdem all diese Gegebenheiten ausreichend berücksichtigt worden sind, die Daten bekannt und die Pläne genau festgelegt sind, treten Schaufel und Spitzhacke in Aktion, werden Bäume gefällt und Gesteine gesprengt.

Wo rollt der OHE-Tiger hin? Zur Gleisbaustelle? Auf alle Fälle ist einige Mühe notwendig, ehe das Maschinchen über den vorbildgetreu wirkenden Damm rauschen kann.
Foto: Jochen Frickel

Zum Glück muss der Modellbahner nichts umhauen oder in die Luft jagen, um an seine Modellbahn zu kommen, aber planen muss er! Es sei denn, er gehört zu jenen Genies, die planlos-planvoll wirken können und dennoch dabei was Gutes hinkriegen. Aber den Zufall wollen wir nicht bemühen oder uns gar auf genialisches Geschick verlassen.
Wie war doch gleich die Essenz des firmeninternen Motivationsseminars vom letzten Sommer? »Erfolg ist planbar«, hat der schlaue Mann da gesagt. Jetzt freut man sich nichts Überflüssiges gelernt zu haben und geht sogleich daran, Ideen umzusetzen. Doch ach, bald zeigt sich, dass der hoch motivierte Modellbahner gar nicht so recht weiß, wie er anfangen soll.

1.3. Rahmenbedingungen

Der Modellbahner hat sich entschieden eine Anlage zu bauen. Doch wie fängt er am besten an? Schließlich will niemand irgendwas kaufen, was er hinterher vielleicht nicht brauchen kann.
Nähern wir uns der Thematik also ganz behutsam:
Vor der konkreten Planung einer Modelleisenbahn klärt man erstmal die vorhandenen Rahmenbedingungen ab. Hierfür habe ich einen kleinen Fragenkatalog aufgestellt, den jeder nach eigenem Wissen und Gewissen beantworten kann.

- Wie viel Platz steht für die Modelleisenbahn zur Verfügung?
- Welche Formgebung für die Anlage ist möglich (L- oder U-Form, Kammform, Rechteckform oder eine Kombination mehrerer Formen oder eine freie Form)?
- Soll es eine kompakte, fest installierte Modelleisenbahnanlage werden, eine flexible, schnell auf- und abbaubare Segmentanlage oder ein Modellbahnmodul nach Normenvorgabe?
- Ist es möglich, die Modelleisenbahn fest zu installieren oder muss sie schnell und/oder leicht abbaubar gestaltet werden?
- In welcher Baugröße will der Modellbahner bauen?
- Mit welchem System soll die Anlage aufgebaut werden (Zweileiter-Gleichstrom oder Dreileiter-Wechselstrom)
- Soll die Anlage analog oder digital gesteuert werden?
- Kann der Modellbahner auf bereits vorhandenes Material zurückgreifen?
- Ist dieses Material noch einwandfrei?

Eine Menge Fragen für den Anfang, aber sie zeigen gleich wie komplex die Thematik sein kann. Wir wollen aber zeigen, dass die Modellbahnerei beileibe nicht so kompliziert ist, wie es bisweilen den Anschein haben mag.

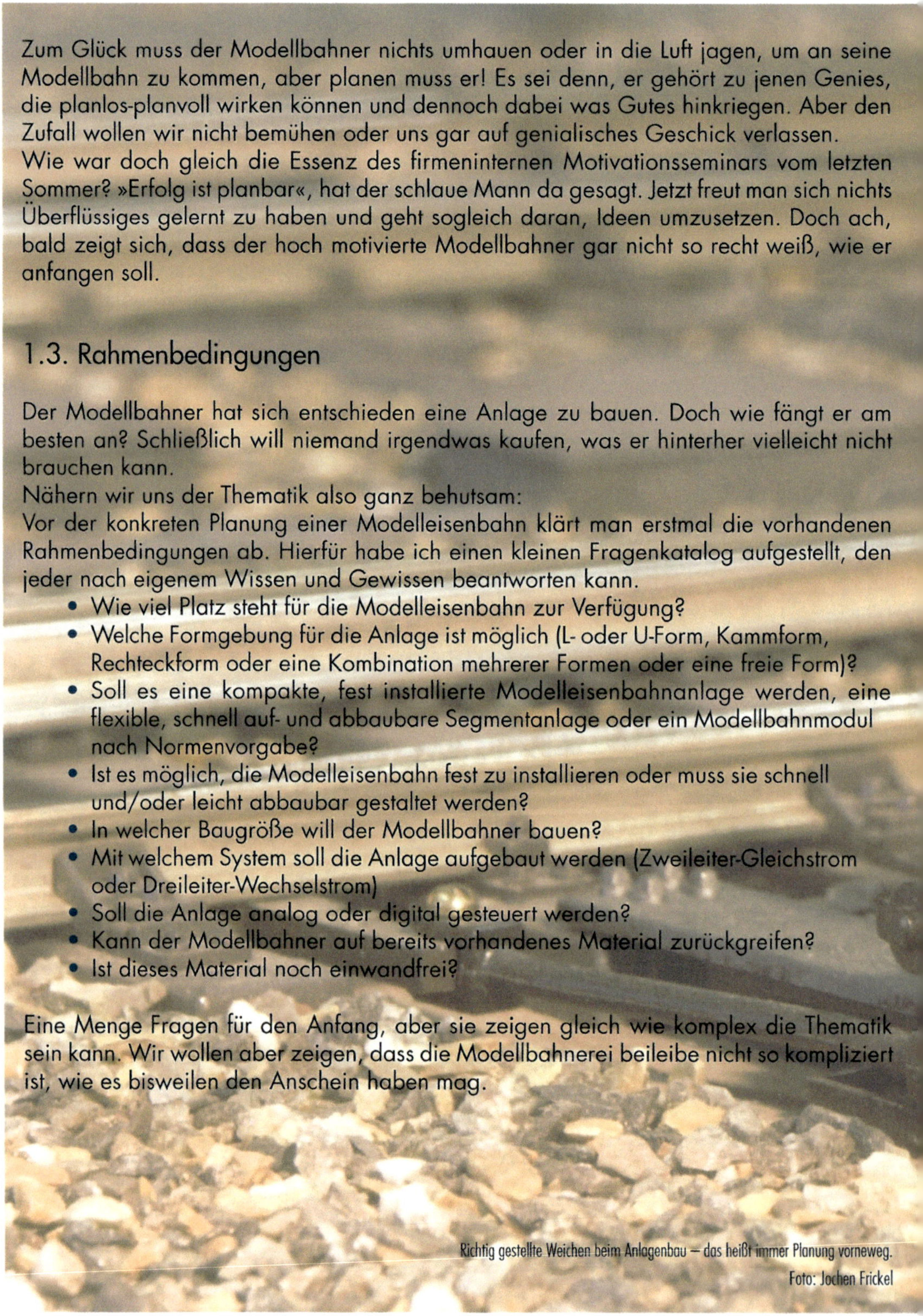

Richtig gestellte Weichen beim Anlagenbau – das heißt immer Planung vorneweg.
Foto: Jochen Frickel

2. Grundlagen

Wer einen Plan fasst, verfolgt damit eine Absicht. Klar. Doch welche Absicht ist es, die hinter der Modellbahnerei steckt? Zeitvertreib, gewiss, Hobby, sicher, aber warum dann der Aufwand? Weil eine Freizeitbeschäftigung einen nur dann ausfüllt und zufrieden stellt, wenn sie unter Wahrung gewisser Voraussetzungen betrieben werden kann. Beispiel: Golf spielt man auch nur nach gewissen Regeln und unter Verwendung bestimmten Zubehörs, mit einem umgedrehten Spazierstock Bälle einzulochen macht ganz gewiss keinen Spaß.

Ehe rangiert werden kann, muss zum Stift gegriffen werden, ehe Züge rollen, wird das Gehirnschmalz angeregt.

2.1. Grundlegendes Wissen

Noch sind wir nicht bei der Wurzel des Problems angekommen. Gehen wir noch tiefer und lauschen in der Schule an der Tür eines Klassenzimmers:
Lehrer (wissend lächelnd): *Was ist der Sinn einer Eisenbahn?*
Schüler (sicher lächelnd): *Klar, Transporte von Gütern und Personen.*
Lehrer (hinterlistig): *Richtig. Aber warum?*
Schüler (leger): *Klar, der Mensch hat Transportbedürfnisse.*
Lehrer (schlau dreinblickend): *Und warum hat er diese Bedürfnisse?*
Schüler (leicht genervt): *Menschen und Waren müssen eben von A nach B, weil sie dort benötigt werden.*
Lehrer (nickend): *Nur, weil sie dort benötigt werden?*

Schüler (zunehmend ratlos): *Ja, klar, was denn sonst?*
Lehrer (aufklärend): *Der Mensch baut Eisenbahnen, weil sie den Güter- und Personentransport in schnellerer, vollständigerer und komfortablerer Weise erledigen als irgendein Transportmittel in all den Jahrhunderten zuvor. Und das alles sicher und so gut wie wetterunabhängig.*
Ganz klar: Der Bedarf für solche Transporte war also vor der Eisenbahn vorhanden und sorgte, basierend auf Erfindungen, für die technologische Weiterentwicklung des Transportwesens. Für den Modellbahner heißt das: Ein bestimmtes noch näher zu definierendes Transportbedürfnis ist das A und O jeder Modellbahn. Von dieser Feststellung müssen alle weiteren Überlegungen ausgehen.

Die Hauptaufgabe der Bahn ist der Güter- und freilich auch Personentransport. Von dieser simplen Feststellung muss alle Planung ausgehen, damit sich eine auf einem Betriebskonzept basierende Modellbahn ergibt.

Für den Modellbahner heißt das: Um zu einer Modellbahnanlage mit befriedigendem Betriebsmöglichkeiten gelangen zu können, sollte man immer bestrebt sein, einen Betrieb von A nach B sinnvoll darzustellen.
Natürlich kann man keine vorbildlich lange Strecke einfach auf die Anlage übertragen, das ist auch gar nicht sinnvoll. Ziel ist es daher »ein Stück Wirklichkeit herauszustechen«. Das bedeutet keine Übernahme im Maßstab 1:87 oder 1:120, sondern die Schaffung eines Teilstücks Wirklichkeit mit einem Motiv, das seinerseits von Parametern wie Platz, Baugröße und persönlichen Erwartungen abhängt.

2.2. Ablaufstrukturen

Es mangelt gerade in Zeitschriften, die sich dem Thema Modellbahnplanung annehmen, nicht an Vorschlägen, wie man am besten vorgehen soll. Es gab auch Versuche Ablaufschemata in Form eines Schaubilds zu visualisieren. Der Versuch ist löblich, allein als gescheitert zu betrachten. Wie, bitteschön, will man möglichst gleichzeitig ablaufende Prozesse, die das eigentliche Geheimnis der Modellbahn-Planung sind, in Schaubildform darstellen? Eben! Die Kunst der Planung ist es, viele notwendigerweise gleichzeitig ablaufende Planungen so zusammenzufassen, dass dabei ein Prozess entsteht, ein Prozess der Weiterentwicklung einer Idee zum fertigen Plan nämlich.

2.2.1. Am Anfang

Wie so viele Hobbykollegen kam auch ich durch »erbliche Vorbelastung« zur Modellbahn. Dutzende Anlagen wurden gebaut, immer wieder umgebaut und schließlich auch wieder abgerissen. Spaß gemacht hat es aber in jedem Fall.
Dann trat die Modellbahn zurück, die Berufsausbildung ließ keinen Raum mehr. Erst mit Mitte 20 kam wieder etwas Lust auf, das Hobby von neuem wieder zu entdecken. Zur Modellbahnerei gesellte sich damals auch die Lektüre von Zeitschriften und neue Pläne reiften heran.
Flugs wurde entworfen und gebaut und ebenso schnell stellte sich der Frust ein. Warum? Es wollte mir einfach kein »gescheiter« Gleisplan gelingen. Immer fehlte irgendetwas. Auch die ganze Szenerie meiner diversen Anlagen gefiel mir nach einiger Zeit nicht mehr.
Bei der nächsten Anlage sollte alles besser werden. Nach eingehender Lektüre etlicher Fachbücher des Vorbilds dachte ich, nun könnte nichts mehr schief gehen. Doch weit gefehlt. Das Vorbild lässt sich nicht einfach auf das Modell übertragen, eine vorbildgetreue Gleisentwicklung eines kleinen Vorbildbahnhofs nimmt auch in 1:87 so viel Raum ein, dass ein sklavischer Nachbau zum Schiffbruch des so hoffnungsfroh gestarteten Modellbahners führen muss. Das Begonnene blieb Stückwerk und wurde bald abgerissen – es blieb wenig mehr übrig als Ärger und Wut über das hinausgeschmissene Geld.

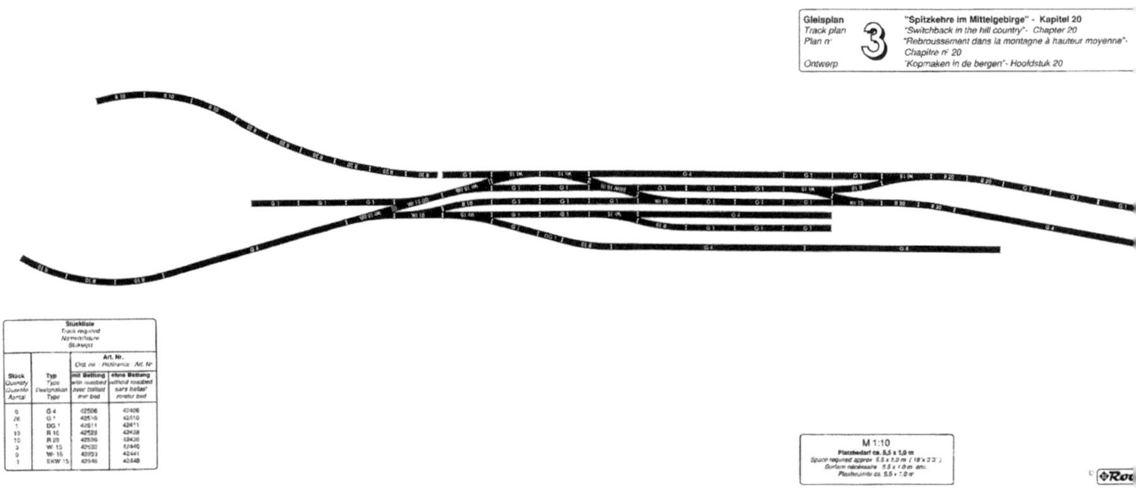

Ein Beispiel aus dem umfangreichen Planungsangebot der Industrie, hier ein Plan von Roco aus dem 1989 aus Anlass der damaligen Einführung des Roco-Line-Gleissystems erschienenen Gleisplanungsbuch des Unternehmens.

Dann begann ich das Pferd wieder anders aufzuzäumen und besorgte mir Modellbahnfachliteratur. Es wimmelte von schönen Plänen, es gab auch für den platzbeschränkten Modellbahner nachvollziehbare Pläne. Aber eines vermisste man nach wie vor: Auch wenn sich kein Modellbahner nach dem Zusammenstecken des ersten Gleiskreises mehr als Anfänger bezeichnen würde, so mangelt es doch an grundlegenden und kompakt zusammengefassten und vor allem nachvollziehbaren Hinweisen darauf:

- Warum das Gleis A so und das Gleis B nicht anders zu liegen kommen?
- Warum hier diese und keine andere Weiche verwendet worden ist?

Viele der Pläne stellen ein abgeschlossenes Projekt dar und sind bisweilen ein Lebenswerk eines Modellbahners. Doch wie fange ich am besten an? Gibt es denn keine ausbaufähigen Pläne, muss man sich denn gleich an eine Großanlage wagen?

2.3. Jetzt geht's los

Leider muss man sich einige Gedanken vorab machen, ehe mit der Säge losgelegt werden kann und die ersehnte Startpackung endlich stationär aufgebaut wird. Wichtigste Frage in diesem Stadium: Was will ich eigentlich? Reicht es mir, ab und an auf dem Boden ein paar Gleise zusammenzustecken und etwas herumzufahren? Wenn ja, brauche ich das Buch nicht weiterzulesen.
Wenn nein, mag der Wunsch nach einer stationär aufgebauten Anlage mit interessantem Gleisplan und vielen Betriebsmöglichkeiten inzwischen groß genug sein, sodass man endlich in die Puschen kommt.

Solche fein detaillierten Landschaftsszenen kriegt man auf fliegend aufgebauten Anlagen sicher niemals hin. Natürlich macht auch die schnell auf dem Fußboden aufgebaut Modelleisenbahn Spaß, aber erst eine stationäre Anlage vermag den ganz besonderen Reiz des Hobbys zu vermitteln. Foto: Jochen Frickel

2.3.1. Der Einkauf

Noch immer geht es nicht an die Säge, den Schraubenzieher oder den Zeichenstift, der Autor bleibt da unerbittlich. Trocken-theoretisch wird gnadenlos weiter doziert: Ein oftmals unterschätzter Posten der Modellbahnplanung ist der Einkauf, also die Kostenplanung. Der finanzielle Rahmen, die finanziellen Möglichkeiten bestimmen wie die Räumlichkeiten die Planung der Anlage ebenso wie deren Größe, aber nicht so sehr deren Güte, obwohl das gern behauptet wird. Denn auch mit bescheidenen Mitteln kann man feine Szenen zimmern, auch ohne die Filetstücke der Modellbahn-Zubehörindustrie.
Noch ehe mit Enthusiasmus gebaut wird, macht man sich ein paar Gedanken zum finanziellen Rahmen für das Hobby. Kann ich das alles finanzieren oder ruinieren mich meine Wünsche? Wieviel kann oder will ich monatlich für das Hobby aufbringen? Und krieg ich das alles irgendwo her? Gibt es einen Händler am Wohnort oder habe ich weitere Bezugsquellen? Wie sind die Lieferzeiten, muss ich evt. monatelang auf Nachlieferungen warten? Der Modellbahner muss sich normalerweise nach günstigen Bezugsquellen für sein Material umschauen. In der Regel will man in den Unterbau und die kleinen Notwendigkeiten nur soviel wie nötig, in das rollende Material und die Ausgestaltung aber soviel wie möglich investieren. Sparen beim Unterbau zahlt sich aber nicht immer aus, wie weiter unten im Kapitel zur Unterbau und deren Konstruktion noch zu sehen sein wird. Aber günstig darf es schon sein.

2.3.2. Kostenplan

Zugegeben, es ist schwierig einen Kostenplan aufzustellen, zu unterschiedlich sind die Anforderungen und Erwartungen, Vorlieben und Sehnsüchte des individuellen Modellbahners. Man kann aber ganz allgemein ein paar Punkte zusammenstellen, damit das ganze Projekt finanziell im Rahmen bleibt und nicht wie so manches kommunale Bauvorhaben finanziell aus dem Ruder läuft.
Es empfiehlt sich eine Liste anzulegen, in die peinlich genau alle Ausgaben eingetragen werden, damit man über seine Kosten im Bilde bleibt. Man könnte sich eine Excel-Tabelle anlegen, wie im Beispiel zu sehen. Es reicht, Datum der Beschaffung, den beschafften Gegenstand/die Gegenstände und den Preis einzutragen. Einfach kann man sich dann die Kosten ausrechnen lassen.
Festgehalten werden kann, dass im ersten Jahr des Baus wohl am meisten gekauft werden wird, entsprechend hoch ist der Etat anzusetzen. Danach nehmen die Investitionen sicher ab.

Kosten der Eisenbahn

Datum		Kaufpreis
01.01.2002	Wintrack Software	89,00
24.12.2003	Pauline	165,00
31.12.2003	drei Jahrgänge MM - neu	210,00
05.01.2004	alte MM	36,00
10.09.2004	ein Güterwagen	4,80
16.09.2004	Obi: Zeichenmaterial etc	79,00
17.09.2004	zwei Personenwagen	9,10
17.09.2004	16 Weichen	118,00
17.09.2004	K-Gleis Hohlprofile	108,00
18.09.2004	Digital-Dampf-Tenderlok 33952	128,20
18.09.2004	Gleise Startpackung mit Weichen	43,63
20.09.2004	div Gleise	23,15
21.09.2004	30 gerade Schienen	49,00
22.09.2004	Gleise und Schlusslaterne	93,09
25.09.2004	4 Güter- und 4 Pers.-Wagen	45,79
27.09.2004	Win-Digipet	139,00
27.09.2004	10 Flexgleise / 10 Lampen	103,31
28.09.2004	Uhlenbrock Intellibox	319,85
29.09.2004	Licht-Transformator	15,50
03.10.2004	2 Weichenantriebe	18,15
03.10.2004	Gleise, Prellböcke, Weichen	98,00
03.10.2004	Rheingold Lokomotive 37184	154,99
03.10.2004	Tenderlok BR 86 33961	74,99
01.10.2004	3 Flexgleise	21,30
03.10.2004	Flexgleis-Restlängen	23,56
09.10.2004	6 offene Güterwagen	22,52
10.10.2004	Tenderlok BR 74 30951	56,55
10.10.2004	schwere E-Lok BR E52 37661	98,76
12.10.2004	Tenderlok KPEV BR T18 37071	77,72
12.10.2004	gr. Trafo	41,25
16.10.2004	6 Weichen-Decoder	98,00
15.10.2004	9 el. Weichen	90,09
16.10.2004	E-Lok historisch 37060	148,20
20.10.2004	IKEA Regale	235,20
21.10.2004	Weichenantrieb	11,49
21.10.2004	4 Schnellzugwagen 42751	111,00
23.10.2004	Weichen & Wagen	152,70
23.10.2004	Kataloge	7,30
30.10.2004	4 Schnellzugwagen 42757	162,52
01.11.2004	Rheingold Set 4228	192,10
18.11.2004	E-Lok BR60	136,00
22.11.2004	10 Rückmeldemodule	185,00
24.11.2004	Tenderlok BR55	107,50
05.12.2004	Wagen (aus Ringlokschuppen)	390,00
17.12.2004	Werkzeug	15,00
24.12.2004	Weihnachten ca.	300,00
27.12.2004	div Werkzeug	55,00
06.01.2005	Lok P8	85,50
06.01.2005	8 + 3 Rocco Güterwagen	61,50
10.01.2005	Werkzeug, Schrauben, Lötstation	49,20
16.01.2005	4 Märklin Güterwagen	18,90
18.01.2005	BR50, 5 Güterwagen, Kleinzeug	300,00
25.02.2005	HSI-88	78,60
25.02.2005	2 Decoder 76200	66,80
02.03.2005	Brücken, Bahnsteig	53,40
	Zwischen-Summe:	5.578,21
10.03.2005	Holz - Finke	845,41
15.03.2005	7 weitere Decoder	218,80
20.03.2005	Werkzeug	42,00
18.04.2005	Werkzeug, Farbe, Gips	28,50
01.04.2005	Rangierlok BR 91	28,50
06.04.2005	Rangierlokset BR 81	86,80
14.04.2005	Schienenzeppelin	110,30
11.04.2005	Fliegender Hamburger	143,36
12.04.2005	Tenderlok BR24	34,70
04.04.2005	Upgrade WDP 9.0	99,50
26.04.2005	bay. Dampflok S3/6 gelb	146,45

20.06.2005	Gleisstaubsauger	95,00
24.06.2005	S88 + Leistungsanzeige	33,80
22.06.2005	PCM-CIA seriell 2X	89,00
24.06.2005	300 LED's	17,00
01.07.2005	BR96 GT 2x4/4 Mallet	293,00
03.07.2005	ET 87 Elektro-Triebwagen	221,00
10.07.2005	Reparatur 3 S-88 Module	30,00
17.07.2005	50 Preiser Figuren	5,70
17.07.2005	3 Flügelsignale Kleinbahn	35,00
17.07.2005	6 Güterwagen	17,20
17.07.2005	170 Tannen und Bäume	28,40
18.07.2005	Feinbohrmaschine	9,99
22.07.2005	Burg,Kohlenmine,Portale	75,00
22.07.2005	3 Viessmann Signale	74,00
22.07.2005	5 Bäume Noch	21,00
23.07.2005	2 Decoder 76200	51,00
29.07.2005	Uhlenbrock Intellisound	68,50
26.07.2005	Natursteine, Schotter	21,00
05.08.2005	Farben	22,00
16.08.2005	Roco BR44	151,00
10.09.2005	Schienen/Weichen	35,00
10.09.2005	div. Elektronikteile	25,00
08.10.2005	Henschel-Wegmann Zug Rivarossi	178,00
10.10.2005	Rollenprüfstand	98,00
28.10.2005	div. Schienen u Weichen	30,61
28.10.2005	Werkzeug	14,31
03.11.2005	2 x Uhlenbrock 76200	61,20
05.11.2005	Kranwagen, Foliage, Öl	46,20
05.11.2005	Pulverfarben	21,00
18.11.2005	Tunnelportal etc	7,52
19.11.2005	belgische Lok S3/6	80,00
30.11.2005	Lok „Krokodil"	188,00
02.12.2005	Werkzeug / DVD Noch	16,50
02.12.2000	8 qm Sperrholz	56,30
12.12.2005	Hekidur-Platten, Werkzeug	31,00
12.12.2005	3 Weichendecoder	52,50

17.12.2005	6 Abteilwagen	120,00
24.12.2005	Lok C-Klasse	130,00
24.12.2005	Vitrine	110,00
24.12.2005	div. Bausätze / Signale	125,00
26.12.2005	2 x 76200 / 2 x 76420	114,50
27.12.2005	Lichterketten, Werkzeug	24,96
03.01.2006	2 x Booster + RM	141,50
04.01.2006	100 Bäume	35,00
	Zwischen-Summe:	10.463,22
03.03.2006	diverse Conrad	12,50
05.03.2006	Hochzeitszug / Glaskasten	122,90
08.04.2006	Kunstfelsen NOCH	12,95
09.04.2006	3 Güterwagen (Kranwagen)	19,20
09.04.2006	Märklin 37140 BR 89-70	156,00
18.04.2006	Wilhelms Hofzug	471,00
20.04.2006	Preußische Pt2/5N	150,00
22.04.2006	div. Werkzeug	33,00
26.04.2006	Lux-Schienenschleifwagen	76,80
08.05.2006	Weichenantriebe etc	53,00
10.05.2006	4 Weichendecoder	85,00
25.05.2006	Weichenantriebe, Werkzeug	82,00
28.07.2006	20 Güterwagen	81,50
30.07.2006	E-Lok E91 / EG5	187,20
02.08.2006	drei Weichendecoder	61,50
03.08.2006	4 Güterwagen	25,89
15.08.2006	4 Minikugellager	17,30
04.09.2006	2 Decoder 76200	61,49
10.09.2006	Preußische P8 KPEV	220,00
12.09.2006	Brüniermittel	12,29
22.10.2006	Triebwagen ET85	115,20
23.10.2006	Alu-Gewebe, Felsenformen etc	83,30
24.10.2006	Triebwagen Gläserner Zug	94,60
22.11.2006	TAMS Mastercontrol	175,00
03.12.2006	Versteigerung Intellibox	-270,00
18.12.2006	Ultraschall-Reinigungsgerät	23,94

22.12.2006	div. Bauteile	32,20
28.12.2006	BR34 Bad Tölz + Wagen	249,30
04.01.2007	div Bauteile	56,30
07.01.2007	NOCH Grasmaster	102,90
17.01.2007	Landschaftsbau	50,50
18.01.2007	zwei Schaltdecoder	58,00
22.01.2007	Schotterkleber	15,60
26.02.2007	2 Decoder 76200	55,20
02.05.2007	Preiser Figuren	43,50
03.05.2007	Schotter, Bäume, Zubehör	26,50
07.05.2007	Preiser Figuren	38,50
12.05.2007	Faller:Markt,Holzhdlg,Sped, Kiosk	61,87
20.06.2007	BR36 P4.2 KPEV Roco	199,95
21.06.2007	2 x Horch Oldtimer	13,20
22.06.2007	6 Oldtimer-LKW	22,30
22.06.2007	3 Busse + 3 Feuerwehren	34,60
28.06.2007	Preiser Figuren	50,00
10.07.2007	Kompressor m. Zubehör	87,30
13.08.2007	10 Flexgleise	72,10
17.09.2007	2 Flexgleise	23,00
26.09.2007	Miba Spezial 71	13,70
30.09.2007	Phosphorbronze / Lötöl	26,80
30.09.2007	div. Elektroart.	57,10
04.10.2007	Miba Spezial DVD	27,20
06.10.2007	zwei RM-Decoder	38,50
21.10.2007	300 LED's	20,00
05.11.2007	Farben	27,20
25.11.2007	Lok-Gehäuse	22,30
27.12.2007	6 Wagenbeleuchtungen	47,50
28.12.2007	Weihnachtsbaumlichter	2,69
	Zwischen-Summe:	14.202,59
03.01.2008	Elektronikteile, Kleber etc	27,50
04.01.2008	Videokamera u. Zubehör	41,00
10.01.2008	regelbarer Lötkolben	13,60
21.01.2008	7 Wagenbeleuchtungen	54,80

21.01.2008	Schienen-Reinigungswagen	67,00
10.03.2008	Lok BR85	178,00
15.03.2008	Elektronik-Material	21,50
15.03.2008	zweiter Computer Bildschirm	185,00
08.04.2008	Segelflugzeug	8,30
09.04.2008	Farbe + Fliegengitter	24,95
15.04.2008	Bauteile für Lichtschranken	11,10
03.05.2008	Bäume u. a.	24,20
20.07.2008	Holz für Hintergrund	98,49
29.07.2008	Großbekohlungsanlage	331,50
04.08.2008	div. Elektronik-Teile	22,10
12.08.2008	4 Weichen	38,00
18.08.2006	Farben für Hintergrundbild	144,00
28.08.2008	8 Flexgleise	69,20
	Summe	15.562,83

2.3.3. Bezugsquellen

Woher kriege ich mein Material? Als günstige Bezugsquellen haben sich etabliert:

Unterbaumaterial

- Baumarkt (dort sind ggf. auch Zuschnitte möglich)
- Schreiner um die Ecke (wenn es den am Wohnort noch gibt)
- Holzfachhandel

Modellbahnartikel

- Modellbaubörsen, wie sie überall in der Bundesrepublik stattfinden, dort kann man auch mal feilschen (wem es Spaß macht)
- Internetauktionshäuser, auch wenn es dort inzwischen von gewerblichen Verkäufern wimmelt und der Charme der Anfangsjahre verloren gegangen ist. Man kann sich mit etwas Geschick in dem Wust der Angebote das Passende heraussuchen und kann somit günstig an die oftmals neuwertige, aber auch gebrauchte Ware gelangen. Natürlich gibt es auch Neuware, und das auch bei privaten Verkäufern. Zu bedenken ist aber bei einem vermeintlichen Schnäppchen, dass immer Portokosten hinzukommen – das kann das Schnäppchen zum teuren Kauf machen!

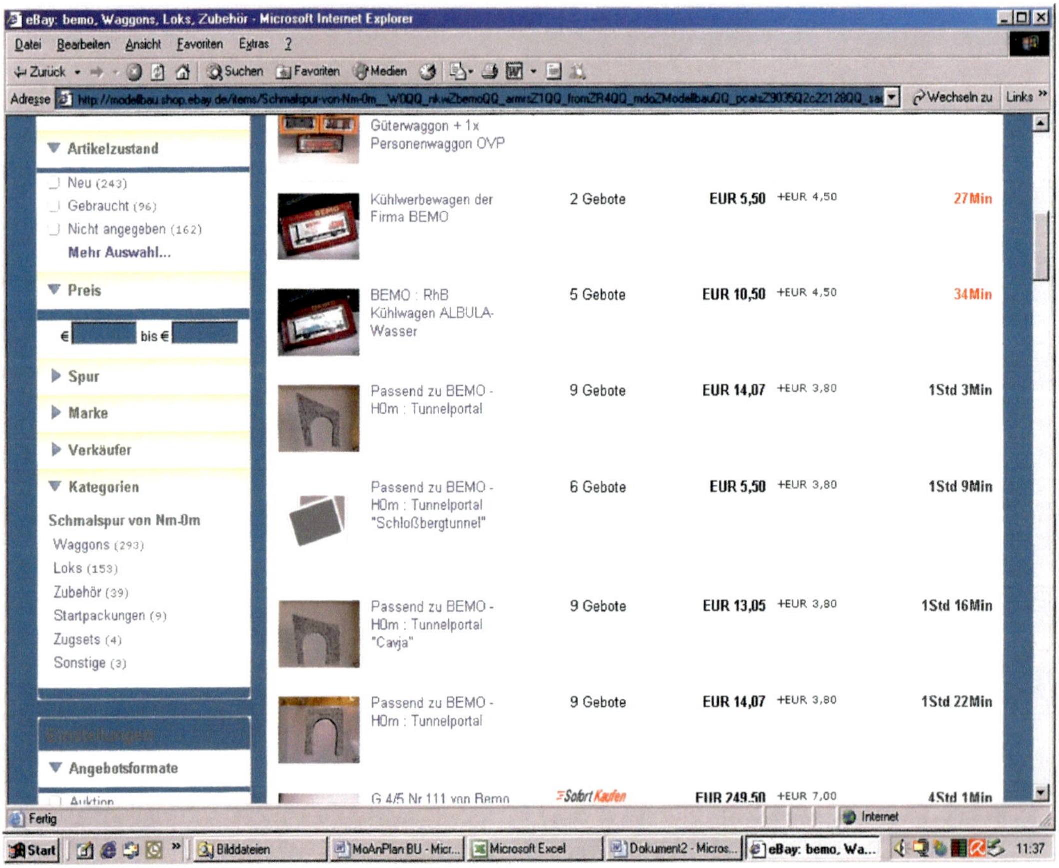

Internetauktionshäuser haben mittlerweile etwas von ihrer früheren Faszination aus der Anfangszeit eingebüßt. Sie stellen aber noch immer eine mitunter günstige Möglichkeit dar, sich mit dem benötigten Material einzudecken – bei allen Risiken, die der Handel von Privat zu Privat darstellt.

- Fachhandel und Fachversandhandel über z. B. Sonderangebote etc.
- Elektronikversender
- Internet, dort sind mittels Suchmaschinen viele interessante Tipps und natürlich auch Bezugsquellen zu finden.

Bemerkung am Rande: Wer über Jahre treuer Kunde eines Fachhändlers ist, »erarbeitet« sich dort sicherlich auch einen Rabatt. Selbst wenn es dort einzukaufen u. U. etwas teurer ist als beim Schnäppchenanbieter, lohnt sich der Weg zum Fachhändler immer. Im Gegensatz zum Versandhändler oder beim ach so günstigen Internetauktionshaus kann man sich beim Fachhändler die Ware mal anschauen und ggf. probefahren.
Beschämend ist es mitzuerleben, wenn sich Hobbykollegen beim Fachhändler (unentgeltlich) beraten lassen und dann beim Versandhändler ordern. Zum Reklamieren gehen sie dann wieder zum Fachhändler.
Es wird niemand gezwungen, beim Fachhändler zu kaufen, das Geld ist knapp geworden; aber vielleicht überdenkt mancher sein Verhalten und seine eigene Einstellung zum Wert der Arbeit anderer.

2.3.4. Informationsbeschaffung

Um sich die notwendigen Kenntnisse für die bevorstehende Planung und den Bau (natürlich auch der Landschaft, Elektrik und Elektronik usw.) anzueignen, hilft nur lesen, lesen und lesen. Betritt man allzu unbedarft einen Modellbahnladen, kann es passieren, dass man hinterher mit allerlei Material befrachtet wieder herauskommt und zuhause dann feststellt, dass man eigentlich was ganz anderes gemocht hat.
Es gibt derzeit eine ganze Bandbreite an Zeitschriften (Adressen und Bezugsquellen siehe Anhang) und so genannten Spezial-Ausgaben, die sich immer wieder einmal mit dem Thema Planung auseinandersetzen. Zudem kann es nicht schaden, die in den Heften vorgestellten Anlagen von Hobbykollegen einmal näher anzuschauen und von den Erfahrungen anderer zu profitieren.
Empfehlenswert ist es auch sich ältere Hefte zuzulegen, beispielsweise sind bei Internet-Auktionshäusern immer wieder mal ganz Jahrgänge preisgünstig zu erwerben.
Durch die Lektüre ergeben sich dann natürlich eine Fülle an Informationen, die gerade dem Anfänger die ganze Modellbahnerei als wesentlich komplizierter erscheinen lässt, als sie in Wirklichkeit ist. Um etwas Ordnung in das Material zu bringen, hat es sich bewährt, gleichzeitig mit der Lektüre ein kleines Inhaltsverzeichnis anzulegen. Dadurch sichtet man den Wust an Artikeln und Texten und markiert die für einen selbst und sein Vorhaben relevanten Teile. Zum Beispiel könnte jemand, der eine neue Anlage plant, alle Beiträge zur Planung in einem Verzeichnis zusammenfassen. Dabei reicht eine Tabelle mit vier Spalten: Titel des Beitrags, Fundort mit Bezeichnung, Jahrgang und Seitenzahl; evt. könnte man noch einige Erläuterungen hinzufügen.
Empfehlenswert ist eine Excel-Tabelle, gestattet sie doch das einfache Wiederauffinden bestimmter Informationen per Suchfunktion, aber natürlich können auch andere Tabellen-Programme verwendet werden. Und niemand wird gehindert, eine handschriftliche Tabelle anzulegen.
Damit schafft man sich einen unschätzbaren Vorrat an Informationen ohne langwierige Sucharbeit, wenn man zu einem späteren Zeitpunkt mal wieder an bestimmte Informationen gelangen will.

Interessante Beiträge im Märklin Magazin			
1. Landschaftsbau			
Thema		Heft	Seite
Ackerfurchen	Miba	60	30
Altern von Modellen	MM	6/2006	68
Bach-/Flusslauf	MM	6/2001	13
Bach-/Flusslauf	MM	5/1997	15
Bahndamm Gestaltung	MM	5/1998	28
Bäume und Sträucher	MM	2/1998	68
Bahnsteige selbst bauen	MM	4/2001	30
Bahnsteige aus Bausätzen	MM	3/2001	30
Bahnsteige aus Gips-Abgüssen	MM	6/2001	25
Bahnsteig-Zubehör	MM	5/2001	45
Begrünung der Anlage	MM	5/2001	69
Begrünung der Anlage	MM	1/2000	11
Begrünung der Anlage	MM	6/1997	13
Begrünung der Anlage - elektrostatisch	3L	5/2006	86
Berge aus Modur Schaum	MM	5/2005	54
Besandungsanlagen	3L	4/2006	56
Betriebswerk - Abläufe im Original	3L	4/2006	24
Betriebswerk Gestaltung	3L	5/2006	40
Blumen Gestaltung	3L	5/2006	73
Bock-Kräne	MM	1/2004	61
Burganlage groß	MM	3/1998	18
Burg-Ruine - sehr schön - www.modellbauluft.de/	MM	6/2001	50
Dampf-Generator	3L	3/2007	38
Digital-Umbau alter Loks	MM	5/2004	96
Diorama mit Dampfmaschine	MM	2/2005	76
div. Detaillieren zum Abschluss	MM	2/2000	72
Drehscheibe digitalisieren	3L	6/2006	30
Drehscheibe einbauen	MM	3/2007	68
Drehscheiben-Steuerung	3L	3/2007	28
Drehscheiben-Umbau	3L	4/2006	66
Einfärben von Häusern	MM	4/1997	45
Felsen	MM	6/2004	67
Felsgalerie	MM	3/2007	54
Geländehaut	MM	6/2004	69
Geländeschale	MM	6/1999	44

Geschwindigkeitsbegrenzungs Schilder	MM	6/1999	30
Gießharz-Teich	MM	2/2000	66
Gießharz-Teich	3L	1/2006	86
Geländebau mit Wellpappe	MM	4/2001	46
Gleis Fernsprecher-Häuschen	MM	2/1999	50
Gips Modellbau	MM	3/1998	33
Gleis-Einschotterung	MM	4/1998	21
Gleis-Einschotterung	MM	6/2006	73
Gleis-Gestaltung	3L	4/2005	38
Gruben einbauen	3L	4/2006	46
Güterschuppen	MM	3/2004	79
Haltepunkt-Schilder am Bahndamm	MM	4/1999	26
Häuser richtig bemalen	MM	3/2001	12
Häuser richtig bemalen und platzieren	MM	5/1999	33
Hintergrund gestalten	MM	2/2006	70
Höhlen bauen	MM	6/2000	33
Holländische Wasserlandschaft	3L	4/2005	66
Holzladung für Güterwagen	MM	5/1997	33
Kilometersteine am Bahndamm	MM	3/1999	24
Kohle bunkern	3L	4/2006	32
Kurz-Kupplungen für alte Güterwagen	MM	5/2004	60
Landschaftsbau u. a.:	MM	4/1998	14
Luwinen Schutzbauten	MM	5/1999	28
Ladegut - Metallbrammen	MM	5/2004	68
Ladestraße	Miba	63	72
LED-Typen	3L	2/2007	30
Loknummern und -bezeichnung	MM	4/1997	31
Lokschuppen	3L	4/2006	68
Marmorblöcke als Ladegut	MM	4/2004	38
Mauersystem endlos für Einfassungen und Ufer	MM	3/1998	38
Mauerwerk altern	3L	6/2006	91
Modur Hartschaum	3L	2/2007	81
Oberleitung Märklin	MM	4/2004	56
Prellböcke	MM	5/2000	68
Pulverfarben zur Alterung	MM	6/1999	77
Rampen Stützmauern	MM	6/1999	40
Ringlokschuppen BW	MM	3/2006	78
Ruhr-Schnellverkehr	MM	3/2005	36

Schilder am Bahndamm	MM	5/1999	18
Schlucht	MM	4/1997	11
Schnee-Landschaft	MM	3/2005	92
Schrottplatz	MM	3/1997	22
Schutzgalerie gegen Steinschlag	MM	5/1999	28
Stellwerk gesupert	3L	3/2007	76
Stromabnehmer Aufgleithörner	MM	1/1999	68
Telegrafenmasten	MM	1+2/2000	50
Tropfsteinhöhle	MM	3/2007	54
Viehverladung	MM	6/2004	36
Waldgestaltung	3L	6/2006	74
Wasserdurchlässe unterm Gleis	MM	1/1999	20
Wasser aus der Dose	3L	1/2006	86
Wasserfall	MM	1/2001	41
Wasserfall Material	MM	2/2005	57
Wasserversorgung im Betriebswerk	3L	4/2006	48
Wochenendhaus am See	MM	1/1999	38
2. Technik			
Beleuchtungs-Befestigung	MM	2/2000	64
Krause Gleisklammern & Schienenboy	MM	5/1999	41
Rad-Reinigungsanlage	MM	6/2001	65
Schienen-Reinigungswagen	MM	1/2002	52
Schienen-Reinigungswagen	MM	5/2001	93

Empfehlenswert ist es, sich eine Übersicht über die gelesenen Artikel in Fachzeitschriften anzulegen wie hier in einer Excel-Tabelle.

Eine weitere sehr empfehlenswerte Quelle für Fragen zur Modellbahnplanung sind die diversen Foren im Internet – insofern man einen Internet-Zugang hat. Dort findet man Diskussionen und Informationen zu allerlei Themen rund um die Modellbahn und kann, wenn man sich angemeldet hat (in der Regel kostenlos), auch selbst Fragen stellen und mitdiskutieren. Empfehlenswert ist z. B. www.stummi.foren-city.de.

Es gibt auch so genannte Portale wie: www.modellbahntechnik-aktuell.de, www.modellbahnlinks.de, www.modellbahn-portal.de oder www.der-moba.de, die ein umfangreiches Angebot für Modellbahninteressierte bereit halten.

Übrigens gibt es meines Wissens auch kommerzielle Unternehmen, die sich auf die Planung und den Bau von Modellbahnen spezialisiert haben. Ob sie allerdings auch nur Gleispläne zeichnen, also eine Anlage entwerfen, muss im Einzelfall geklärt werden. In den Modellbahner-Foren kann man z. B. einen Aufruf starten, dass man beabsichtigt eine Anlage zu bauen. Sicher erhält man viele hilfreiche Tipps durch Mitglieder, es gibt auch Modellbahner, die gerne für andere Hobbykollegen Anlagen entwerfen und zeichnen. Einfach nachfragen!

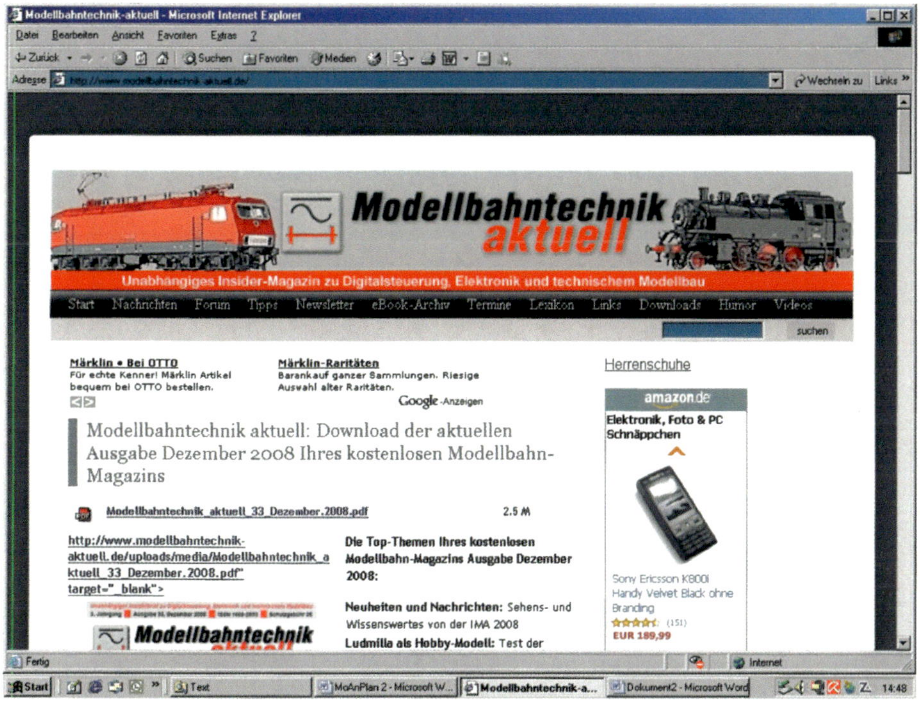

www.modellbahntechnik-aktuell.de ist eine unter vielen richtigen Adressen für denjenigen, der Informationen zur technischen Seite der Modellbahnerei sucht, also etwa zu Digitalsteuerung und Elektronik.

www.modellbahn-links.de fungiert als sogenanntes Portal, also als Eingangstor für Unterverzeichnisse, quasi als Inhaltsverzeichnis weiterführender Seiten. Hier sind Verbindungen zu Anlagenvorstellungen, Tipps und Tricks sowie Infos für Einsteiger hinterlegt.

www.modellbahn-portal.de gehört ebenfalls zu den Portalen, empfehlenswert sind die Foren, an denen man aktiv erst nach Anmeldung teilnehmen kann, wichtige Informationen für alle Bereiche der Modellbahnerei kann man daraus aber auch als nicht registrierter Gast entnehmen.

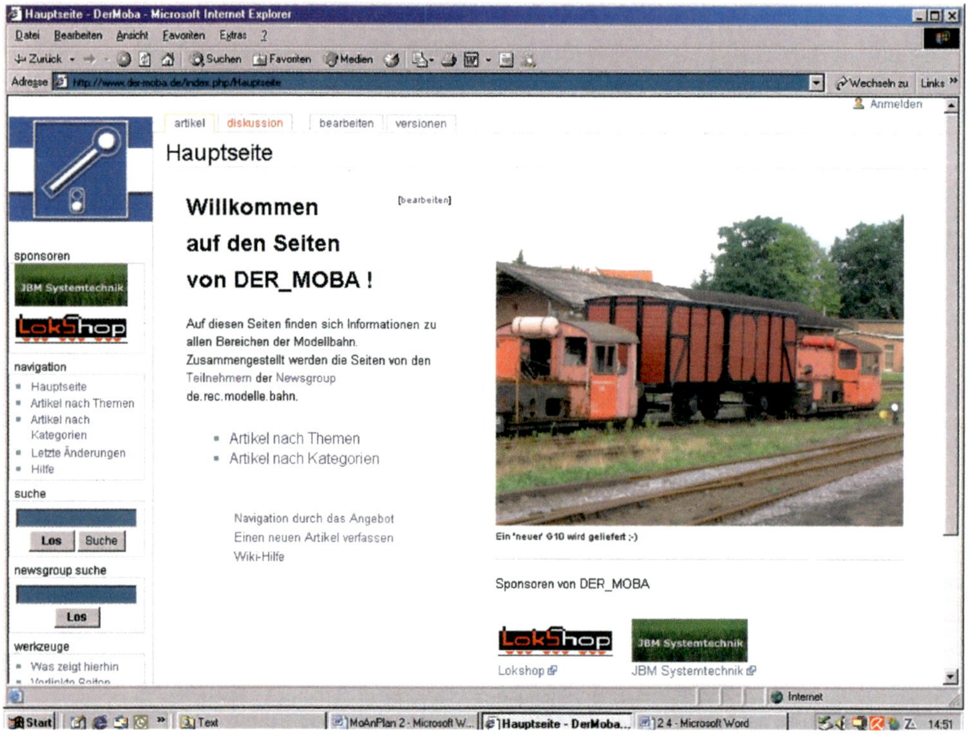

www.der-moba.de ist ebenfalls eine riesige Sammlung an Informationsplattformen für den Modellbahner, Informationen sind wie bei den anderen hier genannten Adressen kostenlos.

2.3.5. Arbeitstempo – Stress-Warnung

Eine alte Weisheit sagt »gut Ding will Weile haben«. Das gilt auch für die Modellbahn und deren Planung. Aber es ist auch verständlich, dass man eben nicht jahrelang herumwursteln will, ehe der erste Zug über die Trasse rollen darf. Schließlich sind viele Modellbahner Einzelkämpfer und ihre Freizeit ist beschränkt. Die wenigsten haben versierte Helfer, und wenn, dann nicht in ausreichender Zahl...

Wie sind lange Planung und rascher Baufortschritt unter einen Hut zu bringen? Eine Sackgasse ohne Ausweg? Es mag paradox klingen, aber der schnellste Weg zur Anlage führt über eine minutiöse, sorgfältige Planung. Es liegt auf der Hand: Wer kaum plant, unüberlegt eine Gleisplan zusammenzimmert und überhastet die Gleise zusammensteckt und dann hurtig alles verkabelt, wird wenig Freude an seinem Bähnle haben. Allein die Beseitigung von Schluderarbeit dürfte länger dauern, als der Bau einer Anlage, an der von Anfang an mit Sorgfalt gearbeitet worden ist.

Auch solche Anlagen gelingen freilich nur mit einem gewissen Zeitaufwand. Hektik, Stress und »Genervtsein« sind Gift für den Bau einer gelungenen Modellbahn. Daher hat es sich bewährt, die Anlage in kleinen Etappen zu bauen. Das ist Erfolg versprechender als das jahrelange Werkeln an einer Riesenanlage.
Foto: Jochen Frickel

Und damit zum eigentlichen Anliegen: Wer wenig Zeit hat, muss Zeitfenster zum Bau der Anlage nutzen. Aber da ist die Gefahr groß, in Hektik zu verfallen, die ganze Bauerei artet dann in Stress aus. Der ganzen Anlage wird man das hinterher ansehen, von Fehlern, die unter Druck immer geschehen, einmal ganz abgesehen.

Stress soll die ganze Modellbahnerei aber nicht sein, schließlich ist der Alltag hektisch genug. Wie vermeidet man, dass der Modellbahnbau zum Stress verkommt? »Da gibt es sicher irgendein Buch«, wird so mancher sagen, aber im Ernst: Stress ist Überlastung, drum baut man, wenn man Zeit und Muße hat. Und da es davon in der heutigen Zeit für viele unserer Mitmenschen leider zu wenig gibt, baut man seine Anlage eben etappenweise, so wie es weiter unten beschrieben und vorgestellt wird. Betriebsfähiges Stückchen für betriebsfähiges Stückchen, das sorgt für Freude statt Frust und Stress hat angesichts überschaubarer Bauprojekte so gut wie keine Chance.

2.3.6. Auswahlkriterien

Der Modellbahnplaner ahnt, wie viel Gehirnschmalz in einen Plan einfließen muss. Die Ausführung, so möchte man meinen, ist dagegen bloß noch mechanisches Abarbeiten der einzelnen Schritte.
Nichtsdestotrotz soll der Versuch gemacht werden, Ordnung in das gedankliche Chaos der entstehenden Anlagenplans zu bringen. Und das geht nicht ohne Strukturierung gerade von gleichzeitig ablaufenden Prozessen.
Um das Problem kurz zu skizzieren: Niemand, der eine Modellbahnanlage bauen will, wird so bürokratisch vorgehen und erst mal einen detaillierten Plan machen und erst dann Loks und Wagen kaufen gehen. Zumeist ist eine Grundausstattung vorhanden. Aber deshalb kann ein Planungsbuch einem Modellbahner nicht vorschlagen, eine BR 50 und zwölf Güterwagen zu kaufen, um dann eine Anlage passend um diese Zugkomposition herum zu bauen. Dieses Buch will, ganz pragmatisch, die Ablaufstrukturen erklären und damit helfen, Ordnung in das Gedankenchaos des Modellbahnplaners zu bringen.

2.4. Am Anfang stehen Ideen und Träume

Viele Modellbahner träumen den Traum von einer gigantischen Anlage mit allem Drum und Dran: mit Containerkran, riesigem Ablaufberg, einer Magistrale mit 16-Wagen-Schnellzügen und Güterzügen von 100 Achsen und mehr. Habe ich auch gemacht, bloß gebaut habe

Was gibt es schöneres als ein durchgestaltetes Nebenbahnmotiv wie hier mit einer zufrieden vor sich hin brummenden »Blutblase« in schöner Landschaft und überschaubarem Bauaufwand. Foto: Jochen Frickel

ich so was nie. Warum? Weil solche Anlagen niemals fertig werden, mal ganz davon abgesehen, ob ein Einzelkämpfer das alles überhaupt stemmen kann – finanziell wie zeitlich. Wie bereits mehrfach kundgetan, bin ich ein Anhänger der kleinen Themen und Motive. Aus welchen Gründen? Sie sind überschaubar und dadurch finanzierbar, langweilig ist der Betrieb bei guter Planung keinesfalls.
Am Anfang war einmal nicht das Wort, sondern ein Wunsch. Ein Wunsch nach einer anspruchsvollen Freizeitbeschäftigung, der Modellbahn nämlich. Von diesem Wunsch ist auszugehen. Der Modellbahner träumt von diesem oder jenem Motiv, diesem oder jenem Gleisplan – ob das alles zu verwirklichen ist, steht noch in den Sternen.
Doch strukturieren wir zunächst einmal. Zu klären sind folgende Parameter: Raumsuche und Raumplanung, Anlagenform, Streckenverlauf, Gleisplan, Anlagensteuerung und Landschaftsplanung; erst dann kann der Bau der Anlage beginnen. Zeitlich parallel müssen geklärt werden: Thema (Motiv und sozusagen Inhalt der Modellbahn, die Verkehrsidee), aus dem sich die Anlagenform ergibt. Die Anlagenform beeinflusst direkt Landschaftsform, Epoche und Betriebsanlagen, aber auch das Verkehrskonzept und die Betriebsabläufe. Epoche und Verkehrskonzept beeinflussen sich gegenseitig in derselben Weise wie Betriebsanlagen und Betriebsabläufe. Das alles wiederum beeinflusst die Landschaftsplanung. Und das alles zusammengenommen schlägt sich auch im Gleisplan nieder.

2.4.1. Raumsuche

Es steht also fest, dass der Modelbahner eine stationäre, also fest aufgebaute Modellbahn bauen will. Der nächste Schritt muss dann die Raumsuche sein.
Oftmals legt sich der Modellbahner da zu schnell fest. Generell kann man unterscheiden zwischen Anlagen, die sich in erster Linie für kleinere Baugrößen eignen (z. B. Klappanlagen, Anlagen im Koffer), und solchen, die auch von Fahrzeugen der großen Baugrößen befahren werden können.

Der Raum für die künftige Modellbahn muss einige Voraussetzungen erfüllen. Er sollte aber niemals eine Rumpelkammer sein oder zu ihr verkommen. Das Reinigen des Bodens – nur so ist der Staub einigermaßen in den Griff zu bekommen – muss leicht möglich sein, wenn nicht allerlei Kisten und Kästen das verhindern.

Welche Voraussetzungen muss der Anlagenraum aufweisen? Er muss trocken sein, denn feuchte Räume sind für Modellbahnanlagen ungeeignet. Von der gesundheitsschädigenden Schimmelgefahr einmal abgesehen, führt die zu hohe Luftfeuchtigkeit rasch zu Korrosionsproblemen am Fuhrpark und beeinträchtigt die Stromleiteigenschaften der Schienen. In Kellern, wo einer Umfrage nach die meisten Anlagen Deutschlands stehen, kann man eine stabile Luftfeuchtigkeit zumeist nur mit Einsatz von Luftentfeuchtungsgeräten erreichen. Anzustreben sind zwischen 50 und 60% Luftfeuchte, wenn man einen Keller zur Verfügung hat, der diesen Wert erreicht, fein. Wenn nicht, hilft der Einsatz eines Luftentfeuchters, wobei Baumarktgeräte (unbedingt Stromverbrauch in die Kaufentscheidung miteinbeziehen) ausreichen.

Der Raum für die Modellbahn muss ein einigermaßen gleichmäßiges Temperaturverhalten haben. Denn selbst wenn sich die Luftfeuchtigkeit in tolerierbaren Grenzen bewegt, können heftige Temperaturschwankungen z. B. zum Verzug der (in diesem Fall nicht ausreichend stabil ausgeführten) Unterkonstruktion führen. Auch eine Anlage auf dem – unausgebauten – Dachboden macht da keinen Spaß: heiß im Sommer und saukalt im Winter; selbst wenn der Modellbahner das aushält, das rollende Material und die Gleise machen die Temperaturstürze nur bedingt mit. Zumeist hilft da nur der – teure – Ausbau und die Isolation des Dachs gegen Hitze und Kälte.

Der Modellbahnraum muss sauber und relativ staubfrei sein. Klar, Staub lässt sich nicht verhindern. Aber er sollte nicht überall im Raum in Massen herumwirbeln, sonst legen sich die mikroskopisch feinen Schwebeteilchen bald schmirgelnd und klebend im Fuhrpark fest und überziehen mit der Zeit die Anlage mit einem feinen Grauschleier. Daher ist eine Anlagenabdeckung immer empfehlenswert, für gewöhnlich genügt es aber, den Anlagenraum in die üblichen Säuberungsaktionen mit Staubsauger und Feudel miteinzubeziehen.

Der Raum oder Platz, in/an dem die Modellbahnanlage zu stehen kommen soll, muss ohne Verrenkungen zugänglich sein, denn man muss ja z. B. Bauteile für die Unterkonstruktion dort irgendwie hineinbekommen. Ehe man zu bauen anfängt, muss man sich auch fragen, ob nicht irgendwelche Fenster oder Installationen (z. B. Wartungsöffnungen, Heizkörper) frei zugänglich bleiben müssen.

Viele Anlagen stehen in Dachzimmern mit Dachschräge. Dieser Platz ist nicht unproblematisch. Natürlich bleibt vielen Modellbahnfreunden nichts anderes übrig, als an einem solchen Ort zu bauen. Aber der Hinweis sei gestattet: Ich habe schon viele betriebstechnisch und landschaftlich durchaus gelungene Anlagen gesehen, die unter einer Dachschräge aufgebaut worden waren und von dieser optisch regelrecht »erschlagen« wurden.

Ein solches Arrangement wirkt auch bei großzügiger Konzeption gequetscht. Man kann die optische Beeinträchtigung abmildern, indem man z. B. die Schräge farblich unauffällig und wenig dominant macht, z. B. weiß streicht oder tapeziert.

2.4.2. Raumplanung

Im nächsten Schritt geht es um die Raumplanung, d. h. was ist im ausgewählten Raum möglich? Hier nun setzt der erste gleichzeitig ablaufende Prozess ein. Denn die Raumplanung ist auch vom Thema (dem Anlagenmotiv, also Durchgangsbahnhof mit Strecke oder Lokalbahnhof z. B.) abhängig und umgekehrt.

Wird er auch anderweitig genutzt, z. B. als Gästezimmer? Kann die Modellbahn die Hauptrolle spielen?

Ich möchte hier eine Lanze für moderne Anlagenkonzepte brechen. Bei diesen steht die vorbildnahe Betriebsgestaltung im Mittelpunkt. Das sind Anlagen geringerer Tiefe für stehende und die Züge begleitende Bedienung, Weichen werden von Hand gestellt und man ist immer mit der Nase vor Ort.

Solche schmalen Anlagen sind auch in kleinen Räumen denkbar, denn sie lassen viel Freiraum für andere Aktivitäten. Ein Zimmer mit solcher Anlage bleibt auch weiterhin nutzbar, wird evt. die Modellbahn als Schmuckstück in das Wohnraumkonzept integrieren.

2.4.2.1. Umsetzung der Idee

Hat man die ersten Hürden glücklich genommen, sollte man sich auch vornehmen die Modellbahn auch tatsächlich zu bauen, den nach und nach reifenden Plan auch »durchzuziehen«. Nichts ist frustrierender, als einen gefassten Plan nicht umzusetzen. Sicher, man muss auch auf andere Dinge Rücksicht nehmen, auf Familie, Beruf etc. Dennoch wird der Plan nur dann verwirklicht werden können, wenn man sich das auch fest vornimmt.

2.4.3. Anlagenform

Wenn eine Idee heranreift, muss die passende Anlagenform gefunden werden. Hier folgen die gebräuchlichsten Anlagenformen mit Vor- und Nachteilen.

2.4.3.1. Das Rechteck

Die rechteckige Anlagenplatte war einst die übliche Anlagenform, ihr Vorteil ist die einfache Konstruierbarkeit, da durch die tischartige Beschaffenheit eine Menge Stabilität quasi von allein entsteht. Trassen und Landschaft sind leicht aufzubauen, weil eine stabile Grundfläche zur Verfügung steht. Ein Vorteil liegt sicherlich in der kompakten Bauform ohne komplizierte Details.

Die Nachteile liegen auf der Hand: Ein solcher Anlagentisch frisst eine Menge Platz, 300 mal 100 cm z. B. wirken schon wie eine Tafel für eine Festgesellschaft. Lange Strecken zu schaffen, ist schwierig. Einen sinnvollen Betrieb von A nach B einzurichten ist ebenfalls nicht leicht möglich und nur durch ein kompliziertes Hin- und Her machbar.

Zudem ist die ganze Fläche auf einmal überschaubar, die gewünschte Illusion des Fahrerlebnisses von A nach B stellt sich aufgrund der zumeist als Oval ausgeführter Gleisfigur kaum ein. Generell macht die Rechteckform die Landschaftsgestaltung schwierig.

Die richtige Anlagenform stellt die Platte für denjenigen dar, der ein kompaktes Thema ausführen will, z. B. ein flächiges Betriebswerk.

Eine Anlage in Winkelform (eigentlich gehört sie zu den weiter unten beschriebenen Offenen Formen) besitzt viele Vorteile und ermöglicht im Gegensatz zur Rechteck die optische Entzerrung: Fahrerlebnis und Rangiererei sind auf solchen Anlagen, die mehrer Perspektiven bieten, optisch von einander zu trennen.

2.4.3.2. Auf dem Regal

Eine andere Lösung ist der Bau einer fest installierten Anlage auf einem Regalsystem, die aufgrund der vorgegebene Maße des Regalsystems relativ schmal ausfällt (zwischen 40 und 80 cm). Um auch in mittleren und größeren Baugrößen eine Kehrschleife oder den Wechsel auf eine andere Ebene zu ermöglichen, wird eine Art »mobiler Wendelwagen« gebaut. Das ist eine Vorrichtung auf Rollen, die mit der Anlage bei Bedarf verbunden werden kann, ansonsten Platz sparend in der Ecke untergebracht wird.

In diesem Mobil könnte man in Schubladen allerlei Krimskrams verstauen, für den ansonsten der Platz im Zimmer fehlt. Prinzipiell ist mittels eines solchen Wagens auch ein ganzer Schattenbahnhof anschließbar.

Umgekehrt kann man auch die Anlage mobil gestalten, den Zugspeicher aber fest in einem Regalsystem aufbauen.

Generell stellen Regale gute Lösungen dar. Ein Regalsystem (z. B. aus dem Baumarkt oder beim Möbelmarkt sind preisgünstige Ausführungen erhältlich, aber natürlich kann man auch auf der Anrichte aus altdeutscher Eiche mindestens ein Diorama aufbauen). Der Vorteil eines solchen Arrangements ist es, dass man es gut ausleuchten kann. Damit bildet es innerhalb der Wohnung einen schmückenden Blickfang.

Eine weitere interessante Alternative für den platzbeschränkten Anlagenbauer: die Anlage im Wechselrahmen. Während die Strecke immer fest im z. B. Regal aufgebaut bleibt, werden mehrere Bahnhöfe auf verschiedenen Wechselrahmen gebaut und je nach Lust und Laune mit der fest installierten Anlage verbunden.

2.4.3.3. Offen für alles

Beliebt sind inzwischen die sogenannten Offenen Bauformen U- oder L-Anlage oder die kammförmige Zungenanlage. Ihre Unterkonstruktionen sind schwieriger, aufwendiger herzustellen, allerdings gestatten sie dafür recht vorbildliche Gleisführungen, die Landschaft ist durch die verwinkelte Anordnung nicht auf einen Blick überschaubar. Und das Fahrerlebnis suggeriert schon eher

Offenen Bauformen passen sich dem Raum an. Gerade solche Zungen- oder Kammanlagen bieten interessante Möglichkeiten kompletten Modellbahnerlebens. Man stelle sich die Gestaltungsmöglichkeiten einmal vor, die auf den Zungen ausgeführt werden können.

die Illusion eines fahrenden Zugs, wollen wird dem ausfahrenden Zug folgen, müssen wir uns mitdrehen.

Bei solchen Anlagenformen lässt sich zudem Unterbaumaterial und damit Kosten sparen: Bedingt die Anlagenplatte zwei bis drei Quadratmeter Holz und entsprechendes Unterbaumaterial sowie weiteres Material für die Landschaft und die Trassen so genügen bei offenen Formen ein stabiler Rahmen und Querverstrebungen, die im Abstand von gut 50 cm zueinander anzuordnen sind. An diesen Querverbindern können dann die Trassenbretter aufgeständert werden. Durchgehende Platten werden nur z. B. im Bahnhofsbereich benötigt, wo sie Gleise und Bahnbauten aufnehmen.

2.4.3.4. An der Wand entlang

Empfehlenswerte Anlagenform ist die An-der-Wand-entlang-Anlage, kurz AdW. Dabei verläuft die Anlage auf Rahmen, die, wie es der Name sagt, der Wand folgend befestigt werden (z. B. in Form eines leicht wieder zu demontierenden Regalsystems mit Metallschienen und quer eingehängten –streben). Vorteile: Man muss nur den Rahmen konstruieren, was in kleinen Teilabschnitten, sogenannten Segmenten, geschehen kann. Dieser muss aber stabil und verwindungsfrei ausgeführt werden, denn jegliche Stabilisierung durch einen die Verzugssteifigkeit erhöhenden Unterbau auf Füßen fällt weg.
Daher könnte man auf Metallregalbausysteme zurückgreifen, wie sie im Baumarkt zu erhalten sind. Dabei konstruiert man wie bei den Metallbaukästen aus der Jugendzeit stabile verzugsfreie Auflageflächen, auf die dann die Holzrahmen aufgelegt und nur noch befestigt werden.

Eine An-der-Wand-entlang-Anlage stellt vielleicht die schönste Art und Weise Modellbahn zu spielen dar. Die weiten Fahrstrecken gibt es von alleine und auf den langen Schenkeln muss man seine Phantasie wirklich anstrengen um abwechslungsreiche Landschaftspartien zu gestalten. Zugleich besitzen solche Anlage meist nur geringe Bautiefen, sind also leicht erreichbar und zu gestalten.

Das ist eine Anlagenform, die in optimaler Weise einen Betrieb von A nach B ermöglicht. Sie ist zudem auch in kleinen Wohnungen zu verwirklichen, gestattet sie doch die Weiterverwendung des Raums für andere Zwecke, denn sie steht nicht im Weg herum, wie die große Anlagenplatte.
Bei der Landschaftsgestaltung kann man seine Phantasie walten lassen, erfordert die große Länge der AdW doch zahlreiche unterschiedliche Landschaftsmotive und fordert den Modellbahner heraus. Sie ist in kleinen Etappen zu bauen und sichert Abwechslung bei den Bauarbeiten und beschert frühe Erfolgserlebnisse.

2.4.3.5. Module und Segmente

Ein Spezialfall der Segmentbauweise für AdW-Anlagen sei kurz erwähnt: der Modulbau nach Normen der Europäischen Modellbahner (NEM). Dabei werden Anlagenteilstücke nach festen Normen mit exakt definierten Modulabschlüssen gebaut, die bei Treffen zu großen Arrangements aufgestellt werden können. Wer gerne mit Gleichgesinnten Betrieb auf wahrhaft großen Anlagen machen will oder mit Freunden nach eigenen Normen bauen und spielen will, ist da gut beraten.

2.4.3.5.1. Modul- und Segmentanlagen

Modul- und Segmentanlagen bieten den Vorteil die Anlage Stück für Stück bauen zu können. Ein weiterer Vorteil ist es, solche Anlagen rasch aufbauen und auch wieder abbauen zu können.
Modellbahnmodule umfassen die eigentlichen Gleisanlagen in genormter Lage und das unmittelbare Umfeld mit der landschaftlichen Gestaltung, ohne Normung spricht man von Segmenten.

Ein Segmentkopf nach eigenen Maßen mit Passbohrungen und Aussparung für den passgenauen Übergang von einem Segmentkopf zum anderen. Die Ausführung in Pressspanplatte ist nicht zu empfehlen, das Material ist bröselig. Inzwischen habe ich meine Segmente alle in Sperrholz ausgeführt.

Ein vom Autor gebautes Segment für einen befreundeten N-Bahner, nach dessen Vorgaben komplett mit Vollholz ausgeführt. Da die Anlage stationär aufgebaut werden sollte, konnten die Einzelteile fest miteinander verbunden werden. Im Bild ein Ecksegment mit stabilen Standbeinen.

Der große Vorzug dieser Bauweise ist die leichte Transportierbarkeit (z. B. bei Umzügen) und die große Flexibilität bei der Anlagengestaltung, denn man kann bei genormtem Übergang immer wieder verschiedene Teilstücke frei kombinieren.
Der Segment- und Modulbau bietet jedoch auch für einzelne Modelleisenbahner gerade bei beengten Platzverhältnissen große Vorteile.

2.4.3.5.2. Mechanische Verbindung der Segmente und Module

Generell müssen die Übergänge zwischen den Modulen und Segmenten eine sichere Verbindung gewährleisten. Grundlage ist eine vorgegebene Norm (Modul) oder eine selbst definierte Norm (Segment), die genau festlegt in welcher Lage sich die Gleise an den Stirnseiten der Übergänge befinden sollen.
Im Beispiel werden ein einfacher Übergang sowie eine aufwendigere Lösung vorgestellt. Wenn nur der Gleisbereich genormt ist, genügt die Verbindung von Teilstück zu Teilstück mittels Schlossschrauben und/oder Holzdübeln, die eine seitliche Verschiebung und Verschiebungen in der Höhe verhindert.
Aufwendiger ist folgende Lösung: Der Teilstückübergang besitzt eine Überlappung (links) und eine Aufnahme (rechts), die mit dem folgenden Teilstück zusammenpassen. Ausgeführt als Trassenbrett kann so das z. B. jeweils rechte Gleis in die Aufnahmetasche des folgenden Teilstücks eingreifen und umgekehrt.

Ein Übergang am Segmentkopf, der in die Aufnahme des nächstfolgenden passt...

... wie hier zu sehen ist. Wie gesagt, empfehlenswert ist die Ausführung in Sperrholz. Die hier gezeigte in Pressspan habe ich dennoch aufgenommen, schließlich will man ja auch zeigen, was alles schief laufen kann. Pressspan ist billiger als Sperrholz, aber für manche unserer Bauten, vor allem solche, die oft auf- und abgebaut werden müssen, ungeeignet.

2.4.3.5.3. Aufbewahrung

Offen bleibt bisweilen die Frage nach Aufbewahrung der Module und Segmente. Eine Lösung sieht das Einhängen der Teilstücke in ein Regalsystem vor. Eine noch bessere Lösung, die vor allem die Beschädigungssicherheit gewährleistet, sieht das Zusammenstellen von immer zwei Teilstücken, mit der bebauten Seite zueinander zeigend, zu einer Transport- und Lagereinheit. Eine Verbindung der zwei Teilstücke könnte z. B. mittels Schlossschrauben erfolgen.
Wer seine Module und Segmente selbst baut, kann die Höhe ihrer Rückwand so bemessen, dass sie sich zu solch einer Einheit zusammenstellen lassen. Speziell angefertigte Transportkopfplatten sorgen hierbei für eine staubsichere Lagerung.

2.5. Bau des Rahmens am Beispiel

In der Modellbahnliteratur gibt es Bauanleitungen für Anlagenunterkonstruktionen in großer Zahl. Daher bescheiden wir uns an dieser Stelle, sparen uns die seitenweise Wiederholung (Gute Anleitungen z. B. in Georg Kerber/Andreas Stirl: Die große transpress Modellbahn

Werkstatt; Stuttgart 2007) und erläutern hier nur den Bau einer empfehlenswerten Unterkonstruktion.

2.5.1. Offener Rahmen

Wie bereits erwähnt, ist die Plattenanlage inzwischen aus der Mode gekommen und eigentlich auch nicht zu empfehlen. Von der hohen Stabilität (die nur bei entsprechender Unterkonstruktion zu erreichen ist) einmal abgesehen, hat sie nur Nachteile aufzuweisen. Und wenn man keine Platz fressenden Durchgreiföffnungen vorgesehen hat, wird es schwierig, entgleiste Fahrzeuge auch aus entlegenen Stellen z. B. im Tunnel zu bergen.

Daher konstruiert man seinen Unterbau am besten auf andere Weise, gezeigt wird der Zusammenbau eines offenen Rahmens: Grundlage der Modellbahnanlage ist ein stabiler Rahmen aus Holzleisten. Dafür verwendet man Bauholz z. B. in den Maßen 50 x 20 mm, wer will, kann dafür ungehobeltes nehmen, das preisgünstiger als gehobeltes ist, aber stets die Gefahr sich beim Hantieren an und unter der Anlage einen Schliffer einzuziehen birgt.

Zum Aufbau des Rahmens kann man natürlich auch breiteres Material verwenden, etwa 100 x 20 mm, und die Querverbindungen dann kleiner, also 50 x 20 mm, ausführen. Ein solcher Rahmen ist nicht stabiler als der vorgenannte, sieht aber aufgrund der breiteren Rahmenblenden evt. schöner aus, aber das ist ja bekanntlich Geschmackssache.

Wichtig bei der Unterkonstruktion ist es, dass sie den Aufbauten einen verzugfesten Rahmen bietet. Das erreicht man durch ein »Geflecht« von Leisten, die die Druck- und Zugkräfte des Holzes, die infolge der Feuchtigkeitsschwankungen des Raums und durch das »arbeitende« Holz selber entstehen, aufnimmt. Die Leisten werden nach exakter Ausrichtung auf dem glatten (!) Fußboden mittels Winkeleisen verschraubt und verleimt, um einen dauerhaft sicheren Halt zu gewährleisten. Wer nur verschraubt, läuft Gefahr, dass sich die Verbindungen später evt. lösen können.

Ein Rahmen kann auch auf Gehrung zurechtgesägt und mittels Gehrungszwingen fachmännisch verleimt werden. Das ist aufwendig, aber führt zu haltbaren und optisch zufrieden stellenden Ergebnissen.

Einfaches Gehrungssägen mittels Lade: Diese besitzt Einkerbungen, die als Führung für die Säge dienen, so klappt es auch mit dem Einhalten des Winkels.

Stationäre Elektrosäge mit verstellbarem Anschlagwinkel um Gehrungsschnitte zu ermöglichen.

Der Einfachheit halber kann man den Rahmen auch zusammennageln. Als Faustregel gilt, dass der verwendete Nagel dreimal so lange sein muss wie das Brett, das er durchdringt, um es mit dem nachfolgenden Holzmaterial zu verbinden. Das im Beispiel verwendete Sperrholz (gegenläufig verleimte Holzschichten, daher sehr verwindungsfest) ist 1 cm dick, die Nägel sollten also um die 3 cm lang sein.
Um zu verhindern, dass die glattwandigen Nägel durch das »arbeitende« Holz mit der Zeit wieder ausgetrieben werden – sie sind ja bekanntlich wenig für Zugbelastung geeignet – schlägt man sie leicht schräg und zueinander versetzt ein. Ein Versenker sorgt für bündigen Abschluss des Nagelkopfs mit dem umgebenden Holz.
Besser geeignet sind in jedem Fall Schrauben. Welche Schrauben verwendet man? Es empfehlen sich SPAX-Schrauben (das sind selbstschneidende Universalschrauben, Abkürzung von **Spa**nplattenschraube mit Kreuzschlitz (**X**)) mit Kreuzschlitz, die man leicht per Akkuschrauber eindrehen kann. Sie haben einen Senkkopf und lassen sich bündig im Holz versenken. Es empfiehlt sich immer ein Vorbohren: Sie wird im oberen Brett mit genau dem Durchmesser der Schraube ausgeführt, im nachfolgenden Material mit einem Lochdurchmesser, der bis zu Zweidrittel der Schaftdicke der Schraube betragen sollte – damit wird das Reißen des Materials verhindert, zugleich auch das Abscheren der Schraube vermieden.
Wie dick sollte die Schraube sein? Beim Anlagenbau haben sich Spax der Maße 30 x 3 bewährt, sie sind als 35 mm lang und 3 mm dick. Das ist lang genug um Bretter zu verbinden und dünn genug, um beispielsweise Holz an der Kante zu verschrauben.

2.5.2. Einbau der Querverbinder

Nachdem der Rahmen durchgetrocknet ist, geht es an den Einbau der Querverbindungen, die ja zur Erzielung der gewünschten Verwindungssteifheit notwendig sind.
Zunächst legt man den Abstand von Querstrebe zu Querstrebe fest. Es genügt ein Maß zwischen 30 cm und 50 cm, kleiner ist unnötige Materialverschwendung. Größere Abstände sind anzustreben, denn der Vorzug des Offenen Rahmens ist es ja neben Materialersparnis und geringerem Gewicht gegenüber der Plattenanlage jederzeit von unten eingreifen zu können, um z. B. Fahrzeuge zu bergen. Deshalb muss der Spantenabstand groß genug sein, um durchgreifen zu können. Das Maß legt man also individuell fest.
Dann werden die Streben passend abgelängt und eingepasst. Wichtig ist, dass keine Differenzen zwischen Strebe und Rahmen entstehen, den ebenen Übergang sichert man z. B. durch eine Latte, die auf den Rahmen gelegt wird und an die die Strebe angelegt wird: so entsteht ein fluchtender Übergang.
Der Einfachheit halber kann man die eingepassten Streben verleimen und anschließend festnageln oder auch -schrauben. Besonders dauerhaft ist die Befestigung mittels Holzdübeln: Man bohrt ein Loch mit dem Durchmesser des Holzdübels (z. B. 10 mm, es genügen aber auch 6 mm) durch den Rahmen und gut 15 mm tief stirnseitig in die eingepasste Querstrebe. Dann schlägt man den Dübel (Maß: Dicke der Rahmenblende + mindestens 15 mm), der zuvor mit etwas Holzleim bestrichen worden ist, in das Loch ein. Fertig. Sichtbar bleibt die Bohrung, sie kann aber verschliffen und verspachtelt werden.

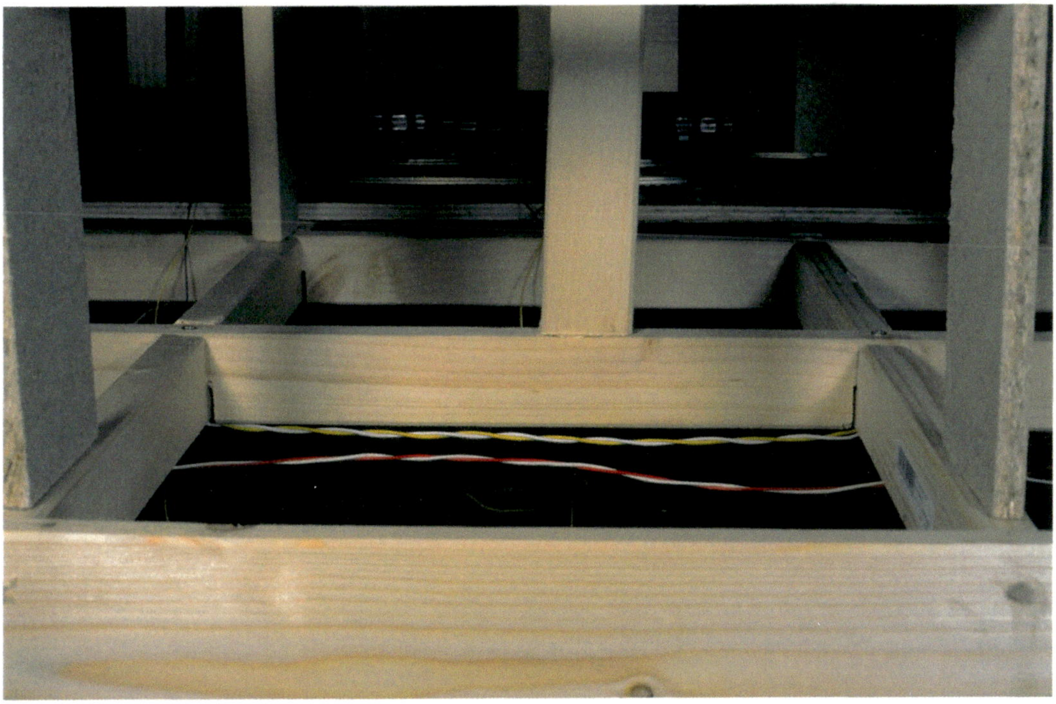

Ein Blick unter die Anlage: Man erkennt den Offenen Rahmen, hier mit Leisten 50 x 20 mm ausgeführt. Diese Latten wurden nicht geschraubt, sondern mittels passgenau ausgeführter Ausnehmungen (links in der Mitte zu erkennen) ineinander gesteckt. Diese Verbindungsart ist sehr stabil, setzt aber sehr exaktes Arbeiten voraus.

Tipp

Richtiges Bohren

Wer in Holz einfach nur »ein Loch bohrt«, provoziert das Splittern des Holzes an der Bohreraustrittsseite, was nicht schön aussieht. Besser ist es die Bohrung nur so tief auszuführen, bis die Bohrerspitze an der anderen Seite ganz leicht heraustritt. Es versteht sich von selbst, dass dazu gefühlvoll gebohrt werden muss. Dann setzt man den Bohrer an der anderen Seite von Neuem an und vervollständigt die Bohrung, ohne das Holz zu »zerreißen«.

2.5.3. Standbeine

Nun liegt ein stabiler Rahmen vor uns. Somit geht es an die Konstruktion der Standbeine. Wer will, kann dafür auch Stahlbeine aus dem Baumarkt verwenden, er muss aber dafür sorgen, dass die Querkräfte aufgefangen werden. Eine solche Konstruktion neigt beim Anstubsen u. U. zum Schwingen, daher müssen diese Kräfte durch zusätzliche Querverbindungen an den Standbeinen aufgefangen werden.
Eine andere Möglichkeit ist es die Anlage sehr standfest mit der Wand zu verschrauben und nur an der Vorderseite mit Standbeinen auszustatten. Eine solche Konstruktion zeigt so gut wie kein Schwingungsverhalten.
Wer die Standbeine selbst konstruieren will, kann dazu wieder das 50 x 20 mm messende Bauholz verwenden, das bereits bei der Rahmen- und Strebenkonstruktion Verwendung gefunden hat. Nachdem die Höhe der Anlage und damit der Standbeine festgelegt worden, folgt das Ablängen (siehe Kasten).

Hier wurden die Standbeine wie im Text beschrieben besonders stabil und zugleich einfach ausgeführt. Empfehlenswertes Detail: Die Rollen (aus dem Baumarkt) gestatten es später leicht die Anlage zu verschieben, z. B. wenn man mal putzen will.

Nun werden immer zwei Leisten zusammengeleimt, entweder breite Seite auf breite Seite oder über Kante, und ggf. mit Schrauben/Nägeln gesichert.
Der Rahmen wird dann auf den glatten Fußboden gelegt und die Beine mit dem Rahmen verleimt und verschraubt/vernagelt. Dabei ist die genau senkrechte Befestigung mittels Winkelmesser sicherzustellen. Das ist bis zu einer Höhe von gut 120 cm sehr stabil und zeigt so gut wie keine Neigung zur Querschwingung.
Um die Stabilität der ganzen Konstruktion, vor allem bei noch größerer Bauhöhe, noch weiter zu erhöhen, können die Standbeine mit Querverbindungen oder diagonal eingeleimten Querstreben auch gegen Querschwingungen gesichert werden.

Tipp

Richtiges Sägen

Ganz gleich mit welcher Art Säge man zu Werke geht: Holz kann dabei reißen. Das spielt nun an nachher unsichtbaren Stellen eine untergeordnete Rolle, abgesehen von einer möglicherweise erhöhten Verletzungsgefahr durch abstehende Holzspäne oder Stabilitätsbeeinträchtigungen, weil man zu wüst gesägt und das Holz angebrochen hat.

Beim Stichsägen achtet man darauf, dass die Sichtseite stets nach unten zeigt. Solche Hubsägen beschädigen nämlich u. U. die Oberfläche des zu sägenden Materials.

Beim Ablängen von Leisten und Brettern arbeitet man generell ohne zuviel Druck, um ein Aussplittern, wie oben beschrieben, zu vermeiden. Beim Sägen von Vollholz achtet man zudem auf die sichtbaren Jahresringe: Wird mit den Jahresringen gesägt, kann das Ende der Leiste wieder ausbrechen oder aussplittern und u. U. unbrauchbar werden. Richtig ist es gegen die Jahresringe zu sägen, wie im Bild zu sehen.

Das kann dem besten Säger passieren.... – Aber Scherz beiseite: das ist wirklich ärgerlich, aber leicht zu vermeiden, wenn man beim Stichsägen darauf achtet, dass die Sichtseite nach unten zeigt und man auf eine gute Unterlage achtet. Das Ausreißen und wie man es vermeidet zeigen die folgenden Bilder.

Falsch! Der Säger sägt mit den Jahresringen – das Ausreißen des Holzes wird nicht lange auf sich warten lassen.

Richtig! Hier wird gegen die sichtbaren Jahresringe des Vollholzes gesägt, bei gefühlvollem Arbeiten wird das Holz nicht reißen.

2.5.4. Bodenunebenheiten

Wichtig ist, dass Bodenunebenheiten ausgeglichen werden können. Es gibt da verschiedene Lösungen: Elegant sind Einschlaghülsen, die in die Beine eingetrieben werden. Sie besitzen ein Gewinde, in das passende Füßchen eingeschraubt und bei den besseren Ausführungen von außen mittels Schraubschlüssel in der passenden Höhe justiert werden können; andere, weniger elegante Lösungen sehen hierfür das Drehen an den Füßchen vor, die dazu leicht hochgehoben werden müssen.
Eine Feinjustierung kann man auch selbst vorsehen: Jedes Standbein erhält eine senkrechte Bohrung, in die eine Sechskantschraube (mind. 10 mm, eher mehr) eingedreht wird. Mittels Schraubschlüssel kann man dann jedes Standbein ausrichten, bis die auf den Rahmen aufgelegte Wasserwaage uns grünes Licht signalisiert.

2.5.5. Bau der Landschaftsträger

Nun geht es an den Aufbau der Landschafts- und Verkehrsebene. Das Trägergerüst für die Auflagen der Straßen- und Eisenbahntrassen sowie für die Landschaft besteht aus einzelnen Spanten oder auch nur T-Trägern, die auf den Rahmen aufgeleimt werden.

2.5.5.1. Vorüberlegungen zur Landschaftsgestaltung

Zuvor hat man sich überlegt, welche Region und damit welche Art von Landschaft nachgebildet werden soll. Nun ergibt sich daraus bereits eine grobe Form für die spätere Landschaft. In der Regel werden Straßen und Plätze sowie die Grundfundamente der Gebäude auf

Modulanlagenbau, kombiniert mit »Plattenbau«. Hier wird lediglich die im Vordergrund erkennbare Straße auf Trassen ausgeführt. Diese Plattenbauweise bietet sich bei größeren Motiven an, etwa wie hier einem geplanten Schotterwerk. Im Vordergrund schließt sich ein Streckenmodul an, wie auch im Hintergrund erkennbar.
Foto: Jochen Frickel

Platten gebaut; man benötigt jedoch auch für alle Erhebungen einen geeigneten Untergrund. Ehe es an die Konstruktion der Spanten oder Träger geht, die das Landschaftsgerüst darstellen, müssen die Landschaft und der Gleisverlauf fertig geplant sein. Wir greifen also an dieser Stelle weit voraus, denn über die Gleise, Radien und Weichen machen wir uns erst weiter unten Gedanken. Hier werden die einzelnen Schritte zum Bau des Anlagengerüsts nur kurz angerissen und der Vollständigkeit halber dargestellt.

Ein solches Motiv ist am besten mit der Offenen Rahmenbauweise und Trassen als Landschaftsträgern zu verwirklichen.
Foto: Jochen Frickel

Für den Landschafts- und Trassenbau empfiehlt sich die Verwendung von Sperrholz aus 10-mm-Material, das genügend breit ist, um darauf später z. B. Fliegendraht zu befestigen, Nägel und Schrauben halten darin sehr gut. Die preislich günstigeren Spanplatten eignen sich dafür weniger: Sie sind schwerer, Schrauben und Nägel halten darin nicht so gut.
Mit Hilfe des Plans kann man die Träger für Landschaft und Trassen festlegen. Die genauen Abstände zwischen den Trassenauflagen und den Übergängen in der Geländeform sind unbedingt zu beachten. Nachdem alle Maße und Linien von der Zeichnung übernommen wurden, werden die einzelnen Träger und Spanten mit einer Stichsäge ausgeschnitten. Daraufhin schleift man unsaubere Schnittkanten ab und leimt die fertigen Träger und Spanten auf die Leisten des Rahmens auf.

2.5.5.2. Aufbau der Trassenbretter

Auf die einzelnen Träger kommen im nächstfolgenden Schritt der Bau der Verkehrsfläche für Schiene und Straße, Plätze und Gebäude.
Die Gleistrassen wurden zuvor konstruiert: Die Gleise werden aufgelegt und in Umrissen ihr Verlauf angezeichnet. Dann wird die Trasse so ausgesägt, dass links und rechts der Trasse genügend Material vorhanden ist, um z. B. Signale, Oberleitungsmasten oder Bauwerke zu befestigen, zudem wird an den Trassenbrettern ja auch Landschaftshaut befestigt. Die Trassenbretter werden dann mit den Trägern und Spanten verleimt. Dann können die Gleise auf den Trassen verlegt und befestigt werden.

Die Trassenbauweise ist nicht nur leicht, sondern ermöglicht auch jederzeit von unten an die Motive heranzukommen, etwa wenn man mal was reparieren muss. Bei Plattenanlagen gelingt das nur durch Aussparungen, die bisweilen schwierig zu realisieren sind, vom Hindurchschlüpfen mal ganz zu schweigen.
Foto: Jochen Frickel

2.5.6. Verkabelung

Darauf folgt die Verkabelung der Modellbahnanlage. Zuvor hat man die Kabelfarben ausgewählt und definiert. Mindestanforderungen: Zwei Kabel für den Fahrstrom, zwei Kabel für Schaltartikel und sonstige Stromverbraucher.
Die Kabel sollten außerhalb des sichtbaren Bereiches möglichst leicht zugänglich und über-

»Verkabelung« auch auf der Modellbahn! Wie der Lkw da wohl hingekommen sein mag? Foto: Jochen Frickel

sichtlich angeordnet werden. Dadurch sind später Korrekturen, Ergänzungen und Fehlersuche leichter zu erledigen, eine Beschriftung der Kabel und Anschlüsse ist selbstverständlich.

2.5.7. Absturzsicherung

Wer seine Anlage in offener Rahmenbauweise plant und baut, kommt früher oder später nicht umhin, eine Absturzsicherung für seine Fahrzeuge einzubauen. Betreiber einer Plattenanlage haben das Problem nicht, entgleiste Züge fallen um und bleiben an Ort und Stelle liegen.
Nicht so der Freund der offenen Bauweise. Da die Trassen frei über die nach unten offene Anlage führen und nur stellenweise gestützt werden, herrscht im gesamten Anlagenbereich Absturzgefahr. Da das aus einer Mindesthöhe von einem Meter geschieht, kann es schon zu beträchtlichem Schaden an den teuren Fahrzeugen kommen.
Wie schafft man Abhilfe? Indem man ein Netz unter der Anlage spannt. Gut, aber was ist, wenn ich von unten an der Anlage arbeiten muss, z. B. einen Defekt beheben will. Dann komme ich da ja gar nicht mehr ran?
Daher ist es besser die Anlage abschnittsweise absturzsicher zu machen. Das Auffangmaterial muss elastisch sein, um die abstürzenden Fahrzeuge weich aufzufangen. Und es muss so weich sein, dass es an den Fahrzeugen keine Kratzer verursacht. Und es muss so engmaschig sein, dass kein Fahrzeug durchflutschen kann.
Ideal geeignet und alle Voraussetzungen erfüllend ist eine Art Kunststoffgeflecht aus der Gartenabteilung im Baumarkt. Laut Auskunft des hiesigen Baumarkts wird das Material üblicherweise in die Erde gelegt um Pflanzen vor Ungeziefer wie Wühlmäusen zu schützen.
Überall dort, wo akute Absturzgefahr herrscht, bringt man das Geflecht an. Dabei sollte man auch kleinflächig arbeiten und Anlagenabschnitt für –abschnitt damit versehen. Das hat den Vorteil, dass man bei Arbeiten an der Anlage von unten nur am betreffenden Abschnitt die Absturzsicherung entfernen muss. Befestigt wird das Geflecht auf der einen Seite mit einem Tacker, auf der anderen Seite wird es an Schrauben eingehängt. So lässt es sich bei Bedarf einfach aushängen und wegklappen, nach den Arbeiten ebenso einfach wieder einhängen. Da das Kunststoffgeflecht steif genug ist, kann es von einem Bastler allein gut an den vorgesehen Platz angelegt und mit der Schere einfach zugeschnitten werden.

2.5.8. Bequemes Arbeiten

Jeder, der schon mal unter seiner Anlage liegend etwas repariert oder befestigt hat, kann ein Lied davon singen, wie anstrengend das sein kann. Sehr viel leichter tut man sich, wenn die Anlagenunterseite von oben bearbeitet werden könnte. Wer seine Anlage, wie empfohlen, in kleinen, autonomen Abschnitten geplant hat und nach und nach baut, der kann die Einzelabschnitte bequem am Basteltisch bearbeiten.
Schon öfter zu sehen sind Anlagen, deren »Verkehrsfläche« klappbar gestaltet worden ist, z. B. mittels an die Wand angebrachte Haken lassen sich hochgeklappte Teilstücke arretieren. Das ermöglicht es, leicht an die Unterseite heranzukommen, z. B. auch zu Wartungszwecken oder wenn ein Weichenantrieb auszutauschen ist.
Die meisten Anlagenbauer fertigen größere Abschnitte, die nicht einfach so hochzuklappen sind, bisweilen verhindern das auch der bereits begonnenen Geländebau oder wenn die Anlage in mehreren Etagen gebaut wird/werden soll. Um die Elektrik/Elektronik in solche

Anlagen einzubauen, muss man an die Anlagenunterseite gelangen. Um Rückenschmerzen vorzubeugen, legt man das Anlagenteil umgedreht auf den Unterbau. Um Beschädigungen an den Gleisen, die ja nun unmittelbar auf den Trägern zu liegen kommen, zu verhindern, polstert man den Unterbau – also die Auflagekanten – zuvor mittels Heizungsrohr-Isolationsmaterial. Das gibt es als Meterware im Baumarkt, normalerweise wird es über frei verlaufende Heizungsrohre als Isolationsmaterial gegen gestülpt. Das es eine ziemliche dicke Lage Gummi darstellt, schützte es die Gleise gegen Beschädigungen.
Dieses Prinzip ist auch beim Bau von Segmenten oder Teilabschnitten am Basteltisch anwendbar. Auf die Auflagestützen, auf die das umgedrehte Teilstück zum Verdrahten gelegt wird, kommen einfach ein paar Meter Isolationsgummi.

2.6. Beleuchtung

Dieser Punkt wird oftmals gerne vergessen, schließlich baut man die Anlage ja in einem beleuchteten Raum auf. Das wird schon reichen, meint man. Tut es aber in vielen Fällen nicht. Wichtig ist die Beleuchtung, denn von ihr hängt ja in hohem Maß die gewünschte Illusion von der Modellbahn als herausgestochenes Stück Wirklichkeit ab. Das gilt auch für die sogenannte Farbtemperatur, also das Maß für den Farbeindruck einer Lichtquelle.

2.6.1. Lichtlösungen

Zumeist besteht die Beleuchtung des Modellbahnraums aus einer Mischung aus Tages- und Kunstlicht, bei Anlagen im Keller ist es in der Regel nur Kunstlicht. Im Prinzip ist es wohl besser eine Anlage generell mit Kunstlicht zu erhellen, denn damit lässt sich das Licht gezielt auf die Anlage bringen, daher verwendete man bei der Beleuchtung treffender den Begriff Lichtführung. Störendes, weil oft diffuses Tageslicht (direkte Sonneneinstrahlung, bewölkter Himmel etc.) erzeugt u. U. nicht die gewünschten Effekte.

2.6.1.1. Funzeln und Strahler

Wer eine punktförmige Lichtquelle im Raum hat, etwa eine Glühbirne, imitiert damit vermeintlich die Sonne. Da sich die Erde dreht, kommt das Sonnenlicht im Laufe eines Tages aus verschiedenen Richtungen. Das ist bei der punktförmigen Lichtquelle im Hobbyraum sicher nicht der Fall, d. h. ist sie ungünstig angeordnet, stehen wir ständig im Licht und werfen unseren Schatten auf die Anlage oder die Lichtquelle blendet uns ständig, sodass wir von den feinen Details auf unserer Anlage gar nichts haben.
Bisweilen ist zu lesen einen mehreren hundert Watt starken Deckenstrahler zu installieren, dessen Strahlung das Sonnenlicht nicht nur imitieren, sondern auch noch für einen natürlichen Schattenwurf sorge. Aus den genannten Gründen klappt das nicht. Und noch etwas: Ein so starker Strahler entwickelt eine beträchtliche Menge Wärme, von der Brandgefahr einmal abgesehen, kommt man in einem kleinen Raum unter so einem Ding schnell ins Schwitzen, bei niedriger Decke holt man sich schnell Brandblasen.
Um nicht einen Schatten auf die Anlage zu werfen, empfehlen manche einen solchen Strahler seitlich von der Anlage anzubringen. Der Lichteinfall sei dann besser und der Schattenwurf durch den Modellbahner ausgeschlossen. Ich bin mir aber sicher, dass ein schräger Lichteinfallswinkel die Anlage in ein ungünstiges Licht taucht, das wirkt immer wie ständiger

Schattenwurf auf der Hintergrundkulisse! »Muss nicht sein«, sagt der Beleuchter und schraubt eine Blende vor.

Sonnenauf- oder –untergang, und wer will das schon? Überhaupt ist der Schattenwurf ein erhebliches Problem, schlimmstenfalls sieht es aus wie im Sportstadion, wo die Akteure gleich mehrere Schatten werfen, was absolut unnatürlich ist.
Ärgerlich sind Schattenwürfe durch Gebäude oder Kunstbauwerke auf der Hintergrundkulisse – auch das muss bei der Positionierung von Leuchten bedacht werden. Bäume sind hingegen weniger problematisch, solange ihr Schatten nicht ihren Umriss übersteigt.

2.6.1.2. Leuchtstoffröhren

Die bessere Lösung stellen Leuchtstoffröhren dar. Sie eigenen sich überall da, wo das Licht lange leuchten soll, und sie sind dann wirtschaftlicher als Glühbirnen. Leuchtstoffröhren geben zudem ein breites Lichtspektrum ab und erhellen die Anlage besser als punktförmige Lichtquellen. Zur optimalen Ausleuchtung sollte man mehrere Röhren als Lichtquelle anbringen, Leuchtstoffröhren haben übrigens eine geringe Wärmeabstrahlung, heizen

einen Raum also kaum auf. Ein Einwand besteht sicher in der Lichtfarbe, Leuchtstoffröhren senden eine Lichtfarbe aus, die die Farbe von Gegenständen verändern kann, Züge und Landschaft wirken im ungünstigsten Fall unnatürlich. Versuche mit Abdeckfolien und der Einsatzverschiedener Röhrentypen können sich lohnen. Bewährt haben sich sogenannte Tageslichtröhren, da deren Licht dem Tageslicht sehr nahe kommt.
Man sollte aber die Leuchtstoffröhren nicht einfach über die Anlage schrauben, sondern versuchen, das abgestrahlte Licht zu leiten. Z. B. empfinde ich es als störend, wenn der ganze Raum, in dem die Modellbahn steht, erleuchtet ist. Das Licht sollte sich während des

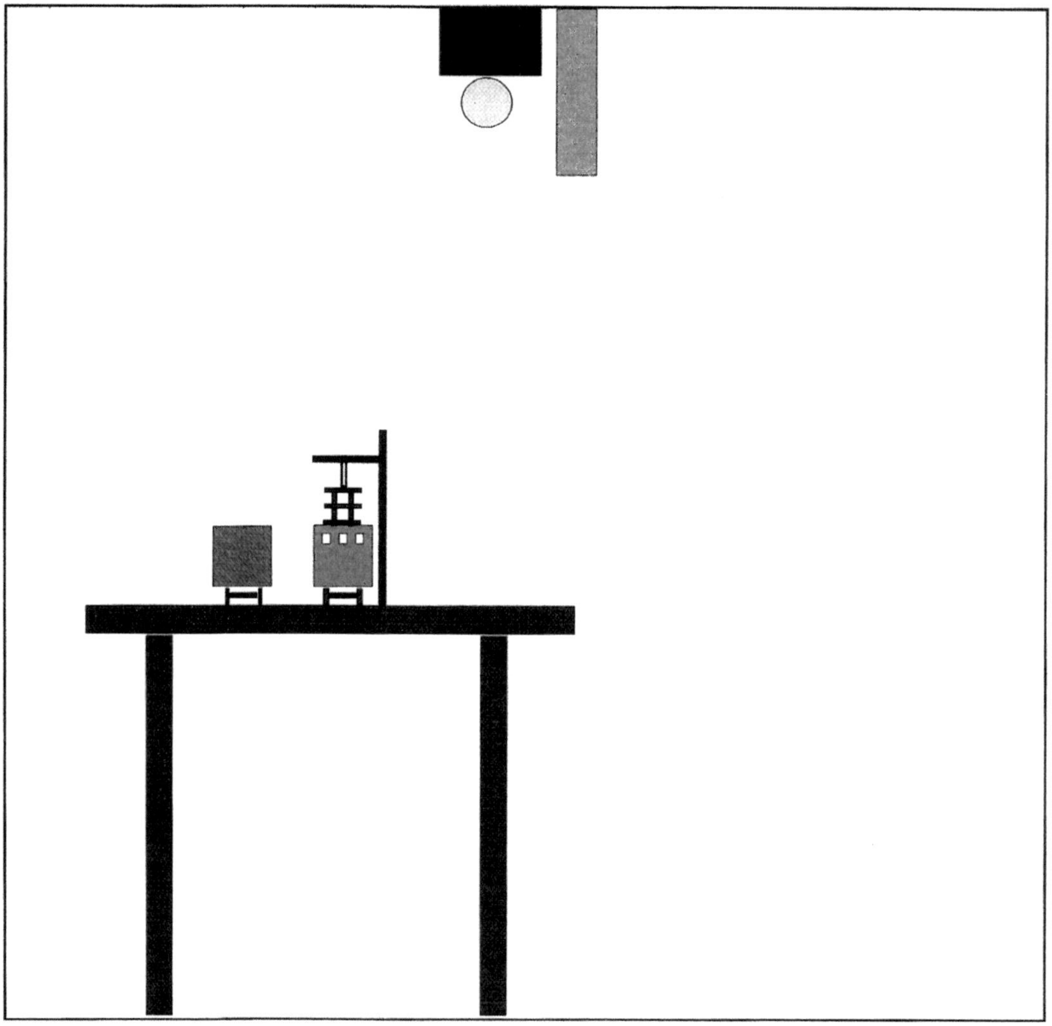

Die Zeichnung zeigt wie eine solche Blende aussehen kann. Die mit Alufolie (zu Reflektionszwecken) ausgeschlagene Blende kann aus einfacher Holzleiste bestehen. Die richtige Position ermittelt man durchs Ausprobieren.

Betriebs ganz auf die Anlage konzentrieren. Daher sind alle Leuchtstoffröhren an der Decke hinter einer Blende befestigt. Diese Blende ist mit Alufolie ausgeschlagen und reflektiert nach hinten in den Raum abgestrahltes Licht. Damit kann ich selbst nicht geblendet werden, das Licht ist auf die Anlage gerichtet.

Man kann noch weiter gehen: Um bestimmte Bereiche in Licht zu tauchen, andere hingegen in Schatten, kann man vor den Lampen Abdunkelungen anbringen, z. B. mit Kabelkanälen. Damit schafft man eine Dimmmung.

2.6.1.3. Deckenspots und Rasterleuchten

Viele Modellbahner schwören auf sogenannte Deckenspots, Lichtquellen mit sogenannten Reflektorglühlampen. Damit ist die Lichtausbeute keineswegs punktförmig, trotz der verwendeten Glühlampen, sondern eher kegelförmig. Unbedingt muss darauf geachtet werden, dass sich die Lichtkegel mehrerer Spots sich immer großflächig überschneiden, denn nur damit erreicht man eine gute Ausleuchtung.

Eine der empfehlenswerten blendfreien Rasterleuchten, hier eine Ausführung, die eine 2 m² große N-Anlage ausleuchtet. Bei anderen Anlagenformen und -größen sind freilich mehrere der nicht billigen Lampen nötig.

Man kann mit Spots bestimmte Bereich der Anlage ins Licht tauchen, andere eher schattig lassen. Mit ein wenig Übung kriegt man da feine Stimmungen hin. Nachteilig ist deren hohe Wärmeabstrahlung, was v. a. im Sommer ärgerlich werden kann.
Abschließend noch ein Tipp, der von der modernen Bürowelt inspiriert worden ist. Mit sogenannten Rasterleuchten – in einen Blendenkasten eingelassene Leuchtstoffröhren mit verspiegeltem Reflektorkasten – lässt sich eine Modellbahnanlage gut ausleuchten. Vorteil: Man kann die Rasterleuchten direkt und ohne nachträgliche Blendschutzeinrichtungen über die Anlage hängen, sie geben ein blendfreies Licht ab. Als Leuchtstoffröhren sondern sie wenig Wärme ab, sie sind allerdings nicht billig zu bekommen.

3. Thema

Unter Thema werden alle Parameter, die unmittelbar mit dem Betrieb und den Eisenbahnmotiven der künftigen Anlage verknüpft sind, zusammengefasst. Nachdem man sich für einen Raum entschieden hat und die Raumplanung noch in vollem Gang ist, geht es darum, ein passendes Thema für die Modelleisenbahnanlage zu finden.

Mögliche Themen für eine Modelleisenbahn gibt es viele, dazu zählen u. a.:

- Durchgangsbahnhof an zweigleisiger Hauptstrecke
- Durchgangsbahnhof an eingleisiger Nebenstrecke
- Kopfbahnhof mit mehreren zulaufenden Strecken
- Durchgangsbahnhof an Hauptstrecke mit abzweigender Nebenstrecke
- Betriebsbahnhof (Bahnbetriebswerk/Wagenwerk)
- Gebirgslandschaft mit zweigleisiger Eisenbahnstrecke
- Fährhafen

Ein Nebenbahnmotiv mit 211 und Silberlingen – attraktiv und dem Modellbahner vom eigenen Erleben her gut bekannt. Der einfachere Gleisoberbau und bescheidenere Bahnhöfe sind weitere Trumpfkarten dieses Anlagenthemas. Foto: Jochen Frickel

Wichtig bei der Auswahl eines Themas ist der zur Verfügung stehende Platz. Für die Gestaltung eines großen Durchgangsbahnhofes benötigt man je nach Baugröße einige Meter Platz. Warum denn eigentlich nicht eine Nebenbahn bauen? Oder einen kleinen

Durchgangsbahnhof mit abzweigendem Nebenbahnhof? Auch damit lässt sich viel Betrieb simulieren und motivieren. Ein Beispiel für einen solchen Bahnhof wird in den Kapiteln 5 und 6 vorgestellt. Es ist nämlich ein Irrtum zu glauben, nur mit großen Themen, sprich großen Bahnhöfen, ließe sich ein aufwendiger Betrieb erzeugen.

3.1. Betriebskonzept

Ganz wichtig für das Gelingen der künftigen Modellbahn (im eigentlichen Sinne, also keine reine Landschaftsanlage mit Alibikreisbetrieb) ist, dass der Anlage ein Betriebskonzept zugrunde liegt. Wie weiter oben erwähnt, wurde die Eisenbahn gebaut, weil ein Transportbedürfnis vorhanden war. Ergo muss der Modellbahnanlage ein ebensolches – natürlich gedachtes – zugrunde liegen.
Was könnte den Eisenbahnbau bei meiner Bahn begründet haben? Ist es ein Kurort mit regem Publikumszuspruch, besteht Bedarf am Abtransport landwirtschaftlicher Produkte oder benötigt gar ein Industriebetrieb die Zufuhr von Rohstoffen und folglich auch die Abfuhr von Fertigprodukten.
Wer sich diese Gedanken in der Planungsphase macht und danach ein Betriebskonzept für seine Bahn entwickelt, kommt nicht nur zu einem strukturierten Verkehrsplan, sondern kann auf diese Weise seinen Bahnhof entwickeln (dazu weiter unten im Kapitel 5 zu den Bahnhöfen mehr). Ein nach dem Modell-Transportbedarf geplanter Bahnhof wird niemals langweilig, weil ihm eine Idee, ein Konzept zugrunde liegt. Natürlich sollte der Fuhrpark dazu passen, evt. vorhandenen unpassende Maschinen und Waggons lassen sich ja immer noch als Sonder- oder Leerfahrt einsetzen.

3.1.1. Ausgewogenheit

Schon bei der Planung denkt man daran, seine Wünsche nicht ausufern zu lassen. Sonst läuft man Gefahr eine überladene Anlage zu entwickeln, die ihrem Besitzer nicht lange Freude bereiten wird, das richtige »Modellbahngefühl« kann sich so nicht einstellen.
Die Kunst der Anlagenplanung liegt in der weisen Beschränkung, denn ebenso wenig wie beim Vorbild kommen auch auf der gelungenen Modellbahn Hafenanlage und Hochgebirge, Containerterminal und Drahtseilbahn, Eisenbahnfähre und Dampflok-Bw direkt nebeneinander vor. Ebenso wenig lässt sich ein Großstadtbahnhof mit all seinen Nebenanlagen, die das stimmige Bild erst ausmachen, in H0 auf 2 x 1 Meter Fläche verwirklichen. Es ergibt sich einfach kein stimmiges Bild.
Diese Kunst der Anlagenplanung erkennt, dass Bescheidenheit der richtige Weg ist. Ausgewogenheit ist das Schlagwort in diesem Zusammenhang. Ausgewogenheit zwischen den Wünschen und den Realitäten:
Wünsche sind z. B. vorbildlich-schlanke Weichen, große Nutzlängen im Bahnhofsbereich und weite, großzügige Radien, und wenn dann noch ein passendes Thema gefunden wird und die Fahrzeugauswahl passend darauf abgestimmt wird, ergibt das ein hundert Prozent stimmiges Bild.
Eine Faustregel der Anlagenplanung besagt, dass weniger mehr ist. Lieber nur ein, zwei Betriebseinrichtungen auf der Anlage platzieren, diese aber durchgestalten, passend einbinden und glaubhaft strukturieren. Ein Beispiel: Eine Nebenbahnanlage verträgt keinen Containerbahnhof, aber ein kleines Bw, eine Holzverladung evt. mit Sägewerksanschluss

Ein Lokalbahnhof kann das richtige Anlagenthema für den Platz beschränkten Anlagenbauer sein. Die Bescheidenheit in jeder Hinsicht wird ein stimmiges Bild ergeben, Betriebsspaß ist ebenso vorprogrammiert.
Foto: Jochen Frickel

und eine kleine Fabrik mit Bahnandienung sind vollauf genügende Betriebsmomente. Mit diesen drei Szenen, stimmig entwickelt und detailliert gestaltet, kann man mit passendem Fahrzeugmaterial (also ohne 103 und BR 18.4, vielleicht als Sonderzüge oder durchrauschendes Ensemble) einen befriedigenden Betrieb entwickeln, der auf Jahre hinaus anregendes Spiel bietet.

Überhaupt der Betrieb: tagein, tagaus nur durchrauschende Züge auf Gleisanlagen, die für eben dieses Verkehrsaufkommen geschaffen worden sind, macht auf Dauer nicht satt, will sagen: es fehlt die betriebliche Herausforderung. Darum würde ich meinen Bahnhof von der Gleisentwicklung so gestalten, dass er niemals den vorgesehenen Verkehr »verdauen«, also bewältigen kann. Ehrlich? Ehrlich!

Gerade die betrieblichen Engpässe sind doch das Salz in der Suppe. Was wünscht sich der Modellbahner denn mehr, als angesichts des schon seit ewigen Zeiten im Bahnhof herumrangierenden Ng 08/15 und der von Osten und Westen gleichzeitig hereindrängenden Personenzüge Betriebsprobleme zu lösen? Wäre der Bahnhof groß genug, würde diese Situation elegant, doch langweilig gelöst. Nicht so beim kleinen durch den Ng verstopften Bahnhöfchen, jetzt muss rangiert werden, dass es zischt und pfeift! Was will man noch mehr?

Der Schienenbus ist ein willkommener Gast auf kleinen Anlagenmotiven, während ein D-Zug schon einiges an Platz voraussetzt und daher schwieriger zu motivieren ist.

Die Gleise des kleinen Bahnhofs sind mit Schienenbus und popfarbenem Sonderzug schon fast komplett belegt. Dem einfahrenden PmG steht deshalb anstrengendes Rangiergeschäft bevor.

3.1.2. Anlagen-Drehbuch

Vor einigen Jahren, als ich noch nicht so viele Anlagen gebaut hatte, kam ich beruflich mit einem engagierten und erfahrenen Modellbahner zusammen. Wissbegierig bat ich ihn um Tipps, da ich gerade eine neue Anlage plante.

Er sprach erstmals von einem »Betriebskonzept«, das ich entwickeln sollte, ehe es an die Feinplanung ging. Von so was hatte ich damals noch gar nichts gehört. Ein Satz ist mir dabei in Erinnerung geblieben: »Je besser die Geschichte ‚hinter' der Anlage, umso glaubwürdiger kannst Du sie gestalten. Werde Dir klar, was Du möchtest, dann entwickelt sich der Gleisplan fast von alleine.«

Ein solches Betriebskonzept beantwortet Fragen nach

- dem Anlagenthema, also ob es sich um eine Hauptbahn, eine Nebenbahn, eine Schmalspurbahn, eine Landschaftsbahn oder ein Rangiermotiv handeln soll;
- dem Verkehr, der durchgeführt werden soll (Personen-, Güterverkehr oder beides, Vorortverkehr, große Hauptstreckenloks oder kleine Nebenbahnmaschinchen);
- der Art des Anlagenbetriebs, ob in erster Linie gefahren oder ob rangiert werden soll;

Wie kann man so ein Betriebskonzept am besten entwickeln? Der Mann empfahl mir damals ein »Drehbuch« zu schreiben. Eingangs haben wird den Bau der Modellbahnanlage mit einem entstehenden Film verglichen. Dass das so abwegig nicht ist, darum soll es jetzt gehen. Was ist ein Drehbuch? Nun, es »entwickelt« den Film, indem es in mehreren Schritten über einen Entwurf oder Konzept und eine Kurzgeschichte bis zur fertigen Endfassung für den Film die Geschichte reifen lässt. Der Film muss dann nur noch gedreht werden…

Ausgewogenheit im Bild: Die Züge dominieren nicht die Anlage, die Landschaft und die Motive ergeben zusammen ein geschlossenes, ausgewogenes Bild. Zudem wirkt die Landschaft als sei sie vor der Eisenbahn dagewesen – wie in Wirklichkeit eben auch. Foto: Jochen Frickel

Der Modellbahner kann sich jetzt an den großen Regisseuren orientieren und es ihnen nachtun: Er schreibt ein Drehbuch für seinen Privatfilm über das Entstehen seiner Modellbahn und entwickelt auf diese Weise seine Anlage Schritt für Schritt, lässt sie Stück um Stück reifen – und baut sie möglichst ehe sie zu gären beginnt.

3.1.2.1. Inhalt des Drehbuchs

Was sollte in dem Drehbuch alles drinstehen? Zunächst einmal definiere ich meine Wünsche, es versteht sich von selbst, dass man dabei realistisch mit seinen Möglichkeiten (Finanzen, möglicher Zeitaufwand, Räumlichkeiten, handwerkliche Fähigkeiten, technisches Wissen) umgehen muss.
Ein realistischer Wunsch sieht z. B. so aus:

- Maximale Abmessungen 400x120 cm, stellenweise bis zu 400x200 cm
- abwechslungsreicher Verkehr mit vielen verschiedenen Triebfahrzeugen
- kleinere Bahnhöfe
- offener Schattenbahnhof mit Eingriffsmöglichkeit zur aktiven Zugbildung
- kürzere, also glaubhaftere Züge
- viel Rangieraufwand
- unbedingt ein Motiv mit V 100 und BR 64 (klar, man kann da auch andere Lieblingsloks einsetzen)
- eingleisige Hauptstrecke mit abzweigender Nebenbahn (erlaubt durchrauschende längere Hauptbahnzüge, für die einen Bahnhof zu bauen nicht jedermanns Sache ist)
- keine mit Gleisen vollgestopfte Anlage
- »ruhige« Landschaftspartien

Mit diesem »Wunschzettel« hat der Modellbahner bereits intensiv Verzichtarbeit geleistet, hat seine ursprünglichen, vielleicht sogar ausufernden Wünsche gedanklich bereits zusammengestrichen und auf ein realistisches Maß gekürzt. Hut ab: ein gewaltiger Schritt ist geglückt.
In einem weiteren Schritt schreibt man dann in sein Drehbuch grob die gewünschte »Handlung«, also der Betrieb auf der Anlage, auf.
Bezogen auf die in Kapitel 6 im Zusammenhang mit einem ausgeführten Entwurf abgebildete Beispielanlage »Rosenburg« könnte es heißen:
Rosenburg ist ein Durchgangsbahnhof an einer eingleisigen Hauptstrecke. Reisezüge fahren hier auf ihrem Weg von und nach Bad Untergrund zumeist durch. Morgens, abends und in den Stoßzeiten halten längere Pendlerzüge, in den Randzeiten reicht der Einsatz von Kurzzügen oder eines Schienenbusses aus.
Die Rosenburg oberhalb des Städtchens ist beliebtes Ziel der Wochenendausflügler, was an Sonntagen einen Extrazug notwendig macht. Zudem ist die Gegend beliebte Erholungsregion und liegt nahe dem Kurort Bad Untergrund.
In Rosenburg werden eine Reihe von Gütern umgeschlagen: Mit der Bahn werden Saatgut, aber auch Maschinen für die Landwirte Rosenburgs angeliefert, die Brauerei »Rosenburger Krönchen« erhält ihren Hopfen und die Gerste per Bahn, die Versorgung der Bevölkerung des Städtchens läuft ebenfalls über die Bahn und wird mit verschiedenen Wagenladungen abgewickelt; das Unternehmen »Schraub und Mutter« benötigt Zulieferteile, die ebenfalls mit dem Zug angefahren werden.
Abtransportiert werden das Bier der Brauerei und die Fertigwaren des Unternehmens, die

Es ist ein weiter Weg vom ursprünglichen Wunschbahnhof »Utopia« zum letztlich verwirklichten »Bahnhöfle«. Aber letzteren gibt's wirklich und der Betrieb dort beschäftigt den Modellbahner allemal mit jahrelangem anregenden Freizeitspaß. Foto: Jochen Frickel

Produkte der Landwirte, im Herbst steht die Zuckerrübenkampagne an, die kurzzeitig für großes Güterverkehrsaufkommen sorgt.
Kurz nach dem Bahnhof Rosenburg zweigt die Nebenstrecke nach Aschenberg ab. Die aufwendig und anspruchsvoll trassierte Strecke erfordert zugkräftige Nebenbahnmaschinen für die Güterzüge, während der bescheidene Personenverkehr zumeist mit Schienenbussen abgewickelt werden kann. Allerdings wird das idyllische Aschenberg mit seiner naturnahen Landschaft am Wochenende von Sonderzügen angefahren, sodass auch z. B. Silberlinge in dem kleinen Endbahnhof auftauchen.
Aschenberg ist gewerbefleißig, eine Reihe von Gewerbebetrieben haben sich hier angesiedelt und benötigen zahlreiche Wagen für Anlieferung von Rohstoffen und den Abtransport der Fertigwaren.«
Das ist der Handlungsrahmen, in dem sich alles abspielt. Dieses Drehbuch – man könnte sich z. B. ein Ringbuch mit Lochheftung anschaffen, dorthinein werden dann alle Dokumente abgeheftet – legt alle wichtigen Fixpunkte fest und definiert

- das Betriebskonzept
- die zu beschaffenden Fahrzeuge
- erlaubt die Entwicklung eines entsprechenden Fahrplans
- definiert die Lage und Größe der Ortschaften
- legt die Proportionen der Landschaft fest
- erlaubt die Entwicklung eines Fahrplans für Personen- wie Güterverkehr

Was das Drehbuch nicht leistet, ist die Schaffung des passenden Gleisplans. Diesen auszuarbeiten ist Inhalt der folgenden Kapitel.

3.1.3. Epoche und Baugrößen

In direkter Anhängigkeit vom Betriebskonzept Dieser Abschnitt reißt all jene Themenbereiche an, die den Bau einer Modellbahn zwar mitbeeinflussen, unter bestimmter Perspektive tun sie das aber nicht unbedingt in entscheidender Weise.
Zu den Themen »Epoche« und »Baugrößen« gibt es umfangreiche Literatur, sodass wir uns hier mit ein paar Allgemeinplätzen bescheiden können.

3.1.3.1. Epoche

Inzwischen sehen die Normen Europäischer Modellbahnen (NEM) sechs Epochen vor. Auf das befriedigende Spiel mit der Modellbahn hat die Wahl eines bestimmten Epochenzeitraums keinerlei Einfluss, auch wenn mancher das Gegenteil behauptet. Es ist für das befriedigende Spiel nämlich vollkommen gleichgültig, ob der Modellbahner einen Länderbahnzug oder einen modernen Containerzug rangiert.

Eine Lok und zwei Wagen, aber in verschiedenen Epochen; wie man sieht, benötigt der Epoche-II-Zug weniger Platz als der Epoche-IV-Zug.

Dasselbe Ergebnis ergibt sich bei Betrachtung von Personenzügen. Die preußischen Hauptstrecken-Reisezugwagen sind gerade einmal so lang wie ein modernerer D-Zug-Wagen.

Ein Güterzug mit kleiner bayerischer Lok und einem Güterwagen passt gerade vor den Güterschuppen. Das Motiv wirkt harmonisch.

Auch die V 36 macht vor dem Güterschuppen nebst ihrem G-Wagen noch eine ganz passable Figur.

Sehr wohl Auswirkungen hat aber die Wahl eines bestimmten Zeitabschnitts für das Konzept der Anlage und damit entscheidet es über das Gelingen eines Plans. Ein Beispiel: In der Epoche IV (etwa 1968-1989) sind Hauptstrecken-Güterzüge lang (natürlich gibt es auch Ausnahmen), in der Epoche I jedoch überwiegend kürzer (auch hier gibt es wieder Ausnahmen);

das Erscheinungsbild ist durch Konzentration auf rationelle Beladung weitgehend uniform, nicht jedoch die Farbgebung, die durchaus bunt ist, in der Epoche I ist das Erscheinungsbild der Waggons durch eine Vielzahl von Bauarten charakterisiert, gleichwohl die Farbgebungen nicht gar so bunt gewesen sein dürfte, wie in einschlägigen Publikationen – wohl angesichts der bunten Länderbahnwagen der Modellbahnindustrie – gern behauptet wird. Was heißt das für den Modellbahner? Ein Hauptstreckenmotiv in der Epoche IV frisst eine Menge Platz, mehr als in Epoche I. Ein solches Motiv verkürzt darzustellen, führt garantiert zum Frust, denn Hauptstreckenloks wie die 151 oder 103 verlangen nun einmal nach einem standesgemäßen Anhang, um zu wirken. Eine 103 vor einem Waggon oder im Nebenbahnendbahnhof stellt niemanden zufrieden, weckt Selbstzweifel des Erbauers und sorgt langfristig für Frust. Da muss man dann eben ein Thema wählen, das durch kürzere Fahrzeuge und Zuglängen zu verwirklichen ist, z. B. eine Nebenbahn in der Epoche IV.

Die Köf III mit ihrem modernen G-Wagen. Der Waggon ist länger als das Güterschuppen-Gebäude. Das mag ja durchaus vorbildgetreu sein, ich weiß, aber so richtig passend wirkt es nicht mehr – und darauf kommt es an. Daher: Die Fahrzeugauswahl muss, abhängig von der dargestellten Epoche, auch auf die Gebäude der Anlage abgestimmt sein.

Ein anderes Beispiel umfasst die Gleisfiguren, so ist es z. B. für die Epoche II typisch, dass Bahnhofseinfahrten mit zahlreichen Doppelkreuzungsweichen (DKW) gestaltet werden, weil die Maxime lautete, dass alle Gleise auf einfache Weise erreicht werden sollten. Solche Weichen sind aber unter modellbahnerischen Gesichtspunkten nicht unproblematisch, weil sie kompliziert sind und so manches Modellbahnfahrzeug hat seine Mühe, die DKW ruckfrei zu passieren. In der Epoche IV oder V war Rationalität das Hauptmotiv, wartungsaufwendige Gleisfiguren wie eben DKW-Einfahrten wurden daher umgestaltet, vereinfacht.

Halten wir fest: Das Konzept einer Anlage ist vom gewählten Zeitabschnitt (Epoche) in der Weise abhängig, dass sich Gleisentwicklung sowie Gleis- und Zuglängen, aber auch Fahrzeugauswahl im Hinblick auf einen befriedigenden Modellbahnbetrieb direkt auswirken.

3.1.3.2. Verfeinertes Konzept

Nun, mit dem Epochenbegriff, lässt sich das Betriebskonzept weiter verfeinern. Ein Beispiel: Man kann davon ausgehen, dass der meiste Verkehr auf Nebenbahnen, aber auch auf Hauptstrecken wohl in die Phase zwischen Kriegsende und etwa 1955 war. Deutlich belegt dieses Beispiel die These, dass Betriebskonzept und Epocheneinordnung eines Anlagenplans einander durchdringen, voneinander abhängen. Das genannte Jahrzehnt sah die wohl größte Vielfalt an Fahrzeugen, von Länderbahnmaterial bis zu den ersten Einheitsloks.

Dazu ein krasses Gegenbeispiel: Eine Bahnstrecke Ende der 80er-Jahre (Epoche IV/V) sieht bestenfalls altersschwache Personenwagen, der Personenverkehr ist ausgedünnt, der Güterverkehr weitaus bescheidener als noch 1955, zudem wird er mit wesentlich eintönigerem, ganz auf rationelles Beladen abgestimmtem Wagenmaterial abgewickelt. Rangiert wird (zumindest beim Vorbild) kaum mehr, aber natürlich müssen wir uns darum ja nicht kümmern. Es geht hier nur darum, die gegenseitige Abhängigkeit von Betriebskonzept und Epoche klar vor Augen zu führen.

Eine moderne Diesellok im Einsatz auf einer Anlage nach modernen Motiven. Hoffen wir, dass sie gleich an ihren Zug heranrangiert, selbst die Epoche VI bietet ja noch einiges an Güterverkehr.
Foto: Jochen Frickel

Übrigens: Wer träumen will, kann ja eine Anlage in Epoche VI planen, auf der rangiert wird, der Güterverkehr wird ausschließlich per Bahn abgewickelt, der Personenverkehr – sogar der ÖPNV – erfährt eine Aufwertung durch Stundentaktfahrplan und neuestes Fahrzeugmaterial – natürlich wird diese Bahn von einem privaten Anbieter betrieben…

3.1.3.3. Baugröße

Ein weiterer Grundfaktor, der bei der Anlagenplanung eine wichtige Rolle spielt, ist die Frage nach der Baugröße, in der die zu bauende Anlage entstehen soll. Sie ist völlig unerheblich im Hinblick auf die Frage ob eine Anlage gelungen ist oder nicht, sehr wohl aber besitzt sie hohe Bedeutung im Zusammenhang mit der Anlagenthematik, dem geplanten Motiv und den persönlichen Erwartungen des Modellbauers.
Sicher, kleinere Baugrößen sind staubanfälliger, was man durch sorgfältige Reinigung und Pflege aber weitgehend ausschließen kann. Die Detaillierung in den kleineren Baugrößen macht mehr Mühe – was sich aber kaum negativ auf das Konzept auswirken dürfte.

3.1.3.4. Auswirkung auf das Konzept

Sehr viel wichtiger sind aber die Auswirkungen der Wahl der Baugröße auf das Konzept der Modellbahn.

Ein paar Beispiele sollen das verdeutlichen. Wer ein Hauptstreckenmotiv umsetzen will, muss entsprechend große Radien einplanen, die Platz benötigen. Hat er diesen Platz aber nicht, muss er auf eine kleinere Baugröße zurückgreifen.

Mit der Baugröße N (T3 mit Oberlicht-Preuße) lässt sich gegenüber der Baugröße H0 (70er mit bayerischem Post-Gepäck-Wagen) gut die Hälfte an Platz einsparen.

Ein H0-Motiv, bei dem deutlich ist zu sehen, wie viel Platz einer BR 03 zugestanden werden muss, damit sie wirken kann, und wie bescheiden sich der Schienenbus ausnimmt. Ergo: Die Anlagenthemenwahl hängt vom Platz mindestens so viel ab wie von den Wünschen. Wer eine BR 03 fahren lassen will, muss ihr eben den entsprechenden Auslauf gönnen.

Wer unbedingt Eisenbahnatmosphäre pur erleben will, entscheidet sich für eine große Baugröße wie I oder II. Hat er wenig Platz, kann er kein Fahrmotiv planen, sondern muss ein Diorama oder eine kleine Szenerie aufbauen.
Wem die Landschaftswirkung wichtig ist, muss auf kleinere Baugrößen ausweichen. Nur in den Baugrößen jenseits von TT und kleiner sind auf den üblichen zur Verfügung stehenden Flächen entsprechende Landschaftsmotive möglich.
Die Krux ist klar: Jede Baugröße hat Vor- und Nachteile. Daher entscheidet man sich für gewöhnlich für die Baugröße, mit der nach Abwägung der eigenen Erwartungen und Wünsche die wenigsten Kompromisse verbunden sind.
Im Hinblick auf das Angebot ist es heute üblich Anlagen in den Baugrößen IIm, I, 0, H0, H0m und H0e, TT, N und Z zu bauen. In diesen Baugrößen halten Fachhandel und Versender üblicherweise Material bereit oder können es in zumutbarer Dauer beschaffen. Darüber hinaus kann das Material auch selbst auf Börsen, bei Internetauktionshäusern oder über Zeitungsannoncen beschafft werden.

3.1.3.5. Baugrößen und ihre Möglichkeiten

Die wichtigsten Parameter der einzelnen Baugrößen sollen nun kurz aufgezeigt werden, eine Tabelle soll die Übersicht und Entscheidung erleichtern.
Die größte in Großserie gefertigt Modellbahn, die man derzeit kaufen kann, ist die Baugröße IIm (1:22,5; auch bekannt als Spur G), Hauptanbieter sind LGB, Piko und Bachmann. Vorbild sind sowohl Schmalspurfahrzeuge als auch Vollbahnfahrzeuge. Da diese Bahnen beim Vorbild auch mit kürzeren Zügen verkehren, sind einfachere Gleispläne durchaus vorbildgerecht. Nichtsdestotrotz sind abwechslungsreiche Zugbilder möglich, ein weiterer Vorteil sind die – nach der Praxis vieler Schmalspurbahnen ebenfalls vorbildgerecht – bunte Zugzusammenstellungen. Da die Fahrzeuge groß und stabil sind, ist auch der Selbstbau für Modellbahner möglich, die keine Feinmechaniker sind. Diese große Bahn ist also etwas für den Freund der Atmosphäre, denn Anlagen mit Großbahnfahrzeugen (Baugrößen II, I und evt. 0) lassen sich leichter fein ausdetaillieren als die Anlagen kleinere Baugrößen.

Baugröße I

Von Märklin stammt das Großserienprogramm (Fahrzeuge, Gleise und Zubehör) dieser Baugröße I (1:32), eine Reihe von Kleinserienherstellern liefert ebenfalls Fahrzeuge und Zubehör. Vorbild ist die Vollspur mit Fahrzeugen der DB.
Auch diese Baugröße ist für Freunde der Eisenbahnatmosphäre das Richtige, da aufgrund des hohen Platzbedarfs ohnehin für die allermeisten Betreiber nur Dioramen oder kleine Szenen möglich sind, relativieren sich auch die Preise für Großbahnfahrzeuge, da man ohnehin nur wenige unterkriegt.
Natürlich lässt sich so eine Bahn bis ins letzte durchgestalten, ist also etwas für Detailfreunde, in der Regel aber weniger etwas für die Freunde des ausgedehnten und umfassenden Fahrbetriebs, es sei denn sie besitzen große Räumlichkeiten. Hingegen erwecken die Fahrzeuge allein schon aufgrund ihrer Masse in unvergleichlicher Weise den Eindruck des Vorbilds und der bewegten schweren Lok.

Baugröße 0

Bis vor kurzem galt diese Baugröße (1:43,5) als tot, von einigen Kleinserienherstellern abgesehen, gab es kein leicht erhältliches Großserienangebot. Lenz Elektronik in Gießen

widmet sich seit einigen Jahren dieser Baugröße und liefert momentan einige Fahrzeuge sowie ein Gleissystem und baut nach eigenem Bekunden diese Baugröße weiter aus. Die Vorbilder entstammen den Fahrzeugen der DB.
Allen drei großen Baugrößen ist es gemein, dass sie sich in erster Linie für viel Eisenbahnatmosphäre eignen. Aufgrund des großen Platzbedarfs erlauben sie für gewöhnlich keine großen Anlagen mit Fahrmotiv, sondern erfordern kleine Motive und Szenen, um glaubhaft zu wirken und ein auch nach Jahren noch interessantes Spiel zu bieten.

Eine US-amerikanische Anlage in 0e, der Schmalspur des Maßstabs 1:43,5. Damit lässt sich auch in der größeren Baugröße 0 viel unterbringen, sodass eine fein detaillierte Anlage entsteht. Foto: Jochen Frickel

Baugröße H0 (1:87)

Die Baugröße ist heute die beliebteste Modellbahn, mehrere Dutzend Anbieter haben sich auf sie spezialisiert und halten ein riesiges Angebot bereit. Der universellen Einsetzbarkeit stehen aber zwei elektrische Systeme (Gleich- und Wechselstrom) entgegen, auch die Kupplungen sind nicht immer universell einsetzbar; letzterer Punkt darf inzwischen aber als aufgehoben betrachtet werden, da alle neuen Erzeugnisse mit Normkupplungsaufnahmen ausgerüstet sind, die die Verwendung des individuell bevorzugten Kupplungskopfs gestatten. Aufgrund des riesigen Angebots erscheint in dieser Baugröße bei noch üblichem Platzangebot zwischen Riesenanlagen und kleinem Nebenbahnmotiv alles machbar. Ergänzt wird das H0-Angebot inzwischen durch Schmalspurbahnen der Baugrößen H0e und H0m. Bei geringem Platzbedarf ermöglichen diese Bahnen den ersehnten Kompromiss zwischen größeren Modellfahrzeugen mit entsprechender Detaillierung und dem Betrieb auf relativ überschaubaren Gleis-Anlagen.

Die Rhätische Bahn der Schweiz (RhB) z. B. ist eine Schmalspurbahn mit Hauptstreckencharakter, entsprechend groß kann das Zugaufkommen sein. Schmalspurmotive sind überhaupt dankbare Themen: kurze Züge sind vorbildgerecht, bescheidene Gleisanlagen ebenfalls, Betriebskonzepte gibt es genügend.

Baugröße TT (1:120)

Seit einigen Jahren ist diese Baugröße, die in der Bundesrepublik vor dem Jahr 1989 so gut wie ausgestorben war, durch Unternehmen wie Tillig wieder im Großserienangebot. Eine Reihe von Nischenanbietern sorgt für exotische Fahrzeuge, die Zubehörindustrie hat sich auf die TT-Bahn eingestellt und versorgt den Markt mit vielen Zubehörartikeln.
Diese Baugröße ist ideal für den Freund der Hauptbahn, der in der Miniaturisierung der Fahrzeuge nicht zu weit gehen will und dem Details wichtig sind. Bei geringem Platzbedarf kann buchstäblich auf dem Tisch (auch wenn die Anlagenform nicht empfehlenswert ist) eine ansehnliche Anlage aufgebaut werden.

Baugröße N (1:160) und Z (1:220)

Die beiden kleinsten Großserien-Baugrößen gestatten Themen, die in anderen Baugrößen gewaltig Platz beanspruchen würden. Es sind also die Baugrößen für Hauptstreckenmotive, theoretisch können ganze Bahnhofseinfahrten recht wirklichkeitsnah nachgebaut und ausstaffiert werden.
Aufgrund der Kleinheit der Fahrzeuge müssen bei der Detaillierung oft Abstriche gemacht werden, die kleinen Fahrzeuge sind auch anfälliger für Staub und Schmutz als die großen Baugrößen.

Die Baugröße bietet den Vorteil auf wenig Platz viel zu bieten. Zum Beispiel kann der Landschaftsbau auch auf Segmenten mit geringer Tiefe wie im Bild (etwa 60 cm) großzügiger ausgeführt werden.

3.1.3.6. Normzuglängen

Um sich die Planung seines Bahnhofs etwas zu erleichtern, schaut man sich mal die Länge der Züge an, die auf der Anlage eingesetzt werden sollen. Dazu soll folgende Tabelle dienen, die die Normzuglänge in Abhängigkeit von der gewählten Baugröße darstellt. Aufgelistet sind die Länge einer Universallok (V 100) und eines Zugs aus zehn offenen Güterwagen (Vorbild: 10 m langer E 037) und aus vier (Vorbild: 26,4 m lang) D-Zug-Wagen.

Wo ein D-Zug-Wagenverband überdimensioniert wirkt, mag ein Zug mit vierachsigen Umbauwagen und Tenderlok passend wirken.

Baugröße	Maßstab	Normzuglänge zehn Güterwagen in cm	Normzuglänge vier D-Zug-Wagen in cm	Länge einer Lok V 100 in cm
Z	1:220	45	48	5,7
N	1:160	62,5	66	7,8
TT	1.120	83	88	10,5
H0	1:87	114	121,1	14,5
0	1:43,5	229	242	28,9
I	1:32	312	330	39,3
II	1:22,5	444	469	56

3.1.3.7. Platz und Nenngröße

Die folgende Tabelle ist als Vorschlag zu verstehen, was auf einem zur Verfügung stehenden Platz in ausgewogener Art und Weise unterbringen ist, also so, dass auch noch einiges an Landschaft und Betriebsanlagen Platz findet. Angestrebt wurde dabei ein wohl proportioniertes Verhältnis zwischen Landschaft und Gleisen.

Anlagenabmessungen in m	Baugröße	Anlagenthema
1 x 0,5	Z	Anlage mit Nebenbahncharakter und mittlerem Bahnhof sowie 1-2 Gleisanschlüssen
1 x 0,5	N, Z	Anlage mit Nebenbahncharakter und Bahnhof mit 2-3 Gleisen
1,25 x 0,6	Z	Anlage mit mittelgroßem Bahnhof und zweigleisiger Paradestrecke
1,25 x 0,6	N, Z	Anlage mit Nebenbahncharakter und mittlerem Bahnhof sowie 1-2 Gleisanschlüssen
1,25 x 0,6	N, TT, H0e/H0m	Anlage mit Nebenbahncharakter und Bahnhof mit 2-3 Gleisen
1,7 x 0,75	TT, N, Z	Anlage mit mittelgroßem Bahnhof und zweigleisiger Paradestrecke
1,7 x 0,75	TT, N, H0e/H0m	Anlage mit Nebenbahncharakter und mittlerem Bahnhof sowie 1-2 Gleisanschlüssen
1,7 x 0,75	H0e/H0m	Anlage mit Nebenbahn- bzw. Hauptbahncharakter (bei der RhB) und Bahnhof mit 2-3 Gleisen
2 x 1	Z	Anlage mit Haupt- und Nebenstrecke sowie einem Bahnhof mit Schnellzughalt und Bahnbetriebswerk
2 x 1	N, TT, H0e/H0m	Anlage mit mittelgroßem Bahnhof und zweigleisiger Paradestrecke
2 x 1	H0e/H0m	Anlage mit Nebenbahn- bzw. Hauptbahncharakter (bei der RhB und mittlerem Bahnhof sowie 1-2 Gleisanschlüssen
2 x 1	TT, H0, H0e/H0m	Anlage mit Nebenbahn. bzw. Hauptbahncharakter (bei der RhB) und Bahnhof mit 2-3 Gleisen
2,5 x 1,25	Z	Größere Anlage mit mehreren vorbildgetreuen Bahnhöfe und verschiedenen Streckenverläufen

2,5 x 1,25	Z	Anlage mit Haupt- und Nebenstrecke sowie einem Bahnhof mit Schnellzughalt und Bahnbetriebswerk
2,5 x 1,25	TT, H0e/H0m	Anlage mit mittelgroßem Bahnhof und zweigleisiger Paradestrecke
2,5 x 1,25	H0, H0e/H0m, TT	Anlage mit Nebenbahn- bzw. Hauptbahncharakter (bei der RhB) und mittlerem Bahnhof sowie 1-2 Gleisanschlüssen
2,5 x 1,25	H0, TT	Anlage mit Nebenbahn. bzw. Hauptbahncharakter (bei der RhB) und Bahnhof mit 2-3 Gleisen
3 x 1,5	Z	Größere Anlage mit mehreren vorbildgetreuen Bahnhöfe und verschiedenen Streckenverläufen
3 x 1,5	N	Anlage mit Haupt- und Nebenstrecke sowie einem Bahnhof mit Schnellzughalt und Bahnbetriebswerk
3 x 1,5	H0, H0e/H0m, TT	Anlage mit mittelgroßem Bahnhof und zweigleisiger Paradestrecke
3 x 1,5	H0	Anlage mit Nebenbahn- bzw. Hauptbahncharakter (bei der RhB) und mittlerem Bahnhof sowie 1-2 Gleisanschlüssen
3 x 1,5	H0, 0m	Anlage mit Nebenbahn. bzw. Hauptbahncharakter (bei der RhB) und Bahnhof mit 2-3 Gleisen
4 x 1,5 und mehr	N, TT	Größere Anlage mit mehreren vorbildgetreuen Bahnhöfe und verschiedenen Streckenverläufen
4 x 1,5 und mehr	H0, TT	Anlage mit Haupt- und Nebenstrecke sowie einem Bahnhof mit Schnellzughalt und Bahnbetriebswerk
4 x 1,5 und mehr	H0, TT	Anlage mit mittelgroßem Bahnhof und zweigleisiger Paradestrecke
4 x 1,5 und mehr	H0, 0m	Anlage mit Nebenbahn- bzw. Hauptbahncharakter (bei der RhB und mittlerem Bahnhof sowie 1-2 Gleisanschlüssen
4 x 1,5 und mehr	0	Anlage mit Nebenbahn. bzw. Hauptbahncharakter (bei der RhB) und Bahnhof mit 2-3 Gleisen
5 x 1,5 und mehr	H0, TT	Größere Anlage mit mehreren vorbildgetreuen Bahnhöfe und verschiedenen Streckenverläufen

5 x 1,5 und mehr	H0, TT	Anlage mit Haupt- und Nebenstrecke sowie einem Bahnhof mit Schnellzughalt und Bahnbetriebswerk
5 x 1,5 und mehr	H0, 0m	Anlage mit mittelgroßem Bahnhof und zweigleisiger Paradestrecke
5 x 1,5 und mehr	0	Anlage mit Nebenbahn- bzw. Hauptbahncharakter (bei der RhB) und mittlerem Bahnhof sowie 1-2 Gleisanschlüssen
5 x 1,5 und mehr	I, IIm	Anlage mit Nebenbahn. bzw. Hauptbahncharakter (bei der RhB) und Bahnhof mit 2-3 Gleisen

3.1.3.8. Zug- und Bahnsteiglänge

In der folgenden Tabelle werden die Mindestmaße für den Bahnsteig in Abhängigkeit von Baugröße und vorgesehener Zugart vorgeschlagen.

	Z	N	TT	H0	0	I	II
1 km entspricht im Modell in m	4,55	6,25	8,3	11,5	22,2	31,2	44,5
Mindestmaß Bahnsteiglänge bei Schnellzugeinsatz	1,1	1,5	1,9	2,75	5,35	7,5	10,7
Mindestmaß Bahnsteiglänge bei Personenverkehr	0,9	1,3	1,7	2,4	4,6	6,5	9,3
Mindestmaß Bahnsteiglänge bei Nebenbahnverkehr	0,5	0,75	1	1,4	2,65	3,75	5,3
Mindestmaß Bahnsteiglänge bei Schweizer Schmalspurbahn	-	-	-	1,3	2,5	-	5
Mindestmaß Bahnsteiglänge bei deutscher Schmalspurbahn	-	-	-	0,6	1,1	-	2,3

3.1.4. Systemwahl

Dieses Thema hat keinerlei Relevanz für das Gelingen einer Modellbahn. Sicher haben Wechselstrom- und Gleichstrombahn ihre Vor- und Nachteile, diese wiegen aber einen gelungenen Gleisplan mit Verkehrsidee niemals auf.
Wichtiger ist da schon die Frage nach dem Gleissystem. Wechselstrom-Bahner greifen auf die Märklin-Produkte K- oder C-Gleis zurück (das inzwischen nicht mehr erhältliche M-Gleis besitzt hier nur akademischen Wert). Damit ist man auf die Produkte dieses Herstellers festgelegt, bestimmte Weichenformen gibt es nicht oder sind nur durch entsprechend hohen Bastelaufwand (z. T. auch aus Bausätzen) selbst herzustellen. Manche stören sich an den Punktkontakten. Wer sehr viel Zeit oder Bastellust hat, kann aus einem optisch überzeugenderen Gleichstrom-Gleissystem passendes Gleismaterial entsprechend umbauen.
Wichtig für vorbildliche Gleisanlagen sind Flexgleise, die es momentan nur im K-Gleis-

Sortiment gibt. Für fest installierte Gleisanlagen ist das K-Gleis erste Wahl, das C-Gleis ist robuster und kann auch auf dem Fußboden »fliegend« aufgebaut werden.
Der Gleichstrom-Bahner kann auf ein ungleich größeres Angebot mit einer Vielzahl an Weichenformen zurückgreifen. Optisch entsprechen nur diese Gleissysteme weitgehend dem Vorbild, Flexgleise sind in vielseitiger Auswahl im Angebot.
Gleissysteme in Großserienqualität mit fertiger Bettung und ohne Bettung gibt es von Bemo (H0m und H0e) Fleischmann Profi mit Bettung (H0, N und Modell), Piko (H0: A-Gleis), Roco (H0: Roco Line ohne Bettung, GeoLine mit Bettung, H0e und N), Trix (H0: C-Gleis mit Bettung, N), Peco (H0 und N), Tillig (H0, TT mit und ohne Bettung), Märklin (Z: miniclub). Entsprechend weit verbreitet sind die genannten Produkte, sie sind aber nicht immer und überall erhältlich, oftmals muss der Modellbahner lange auf Nachlieferungen warten. Bei einem Großprojekt muss dieser Umstand einkalkuliert werden und kann sich zu einem echten Ärgernis ausweiten.

3.1.5. Modellbahnsteuerung

Bereits bei der Planung der Modelleisenbahn macht man sich Gedanken über die später verwendete Steuerung der Modelleisenbahn, hierbei wird nach klassischer analoger und digitaler Steuerung unterschieden. Hier sollen diese Steuerungsarten nur kurz angerissen werden (weitere Hinweise finden sich z. B. im Buch: »Digitalisierung auf Modellbahnanlagen«, Stuttgart 2008).

Analoge Modellbahnsteuerung

Bei der analogen Modellbahnsteuerung erhalten die Züge ihre Fahrbefehle über einen Fahrregler am Transformator, Weichen und Signale steuert man in der Regel über einen eigenen Stromkreis mithilfe von Stellpulten.
Im analogen Modellbahnbetrieb bewegen sich alle Züge immer in Abhängigkeit von der Polarität und der Stromstärke der am Gleis anliegenden Fahrspannung. D. h., dass innerhalb eines Gleisabschnittes jeweils nur ein Zug unabhängig gesteuert werden kann.
Wer mehrere Züge gleichzeitig fahren lassen will, benötigt mehrere Stromkreise, in die die Gleisabschnitte aufgeteilt werden.

Digitale Modellbahnsteuerung

Im Unterschied zur analogen Modellbahnsteuerung ist das digitale System durch einen dauerhaft am Gleis anliegenden, konstanten Fahrstrom charakterisiert. Die Loks und ggf. Steuerwagen oder andere Funktionswagen werden über Digitaldecoder angesteuert. Über diese Bausteine erhalten die Fahrzeuge ihre Informationen mittels schienengebundener Steuerimpulse, Fahr- und Steuerstrom laufen also gleichzeitig über die Schiene.
Daraus wird klar, dass bei diesem System alle mit Decodern ausgerüsteten Fahrzeuge

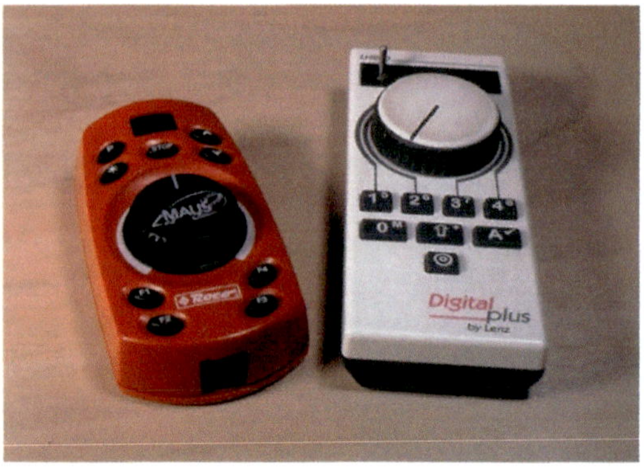

Moderne Walk-around-Regler für die digitale Modellbahnsteuerung, mit denen ein »Umherlaufen«, also das Verfolgen und Begleiten des Zugs entlang der Anlage, möglich ist.

Eine Walk-around-Ausstattung speziell für Großbahnen bietet die Firma Massoth an. Foto: Jochen Frickel

Walk-around-Regler liegen in ihren Ablageschalen stets griffbereit. Foto: Jochen Frickel

auf den Gleisen völlig unabhängig von einander gesteuert werden können. In der Praxis bedeutet das, dass sämtliche Stromkreiskreistrennungen nach Fahrstromabschnitten und Steuerimpulse entfallen können. Auch Weichen und Signale können ebenfalls über den Steuerstrom angesprochen werden.
Bei großen Modellbahnanlagen kann ein PC zur Steuerung vorteilhaft sein. Mittels entsprechender Software kann die Steuerung der gesamten Modellbahnanlage erleichtert werden. Z. B. kann eine Stellwerkssimulation die Weichen und Signale auf der Modelleisenbahn steuern.
Damit der PC wie beschrieben eingesetzt werden kann, muss er mit Informationen über die Zustände auf den Gleisen versorgt werden, wo also steht welcher Zug? Für diese Informationen wird der sogenannte Rückmeldebus des Digitalsystems eingesetzt, die Gleis müssen dann aber als unabdingbare Voraussetzung in getrennte Abschnitte eingeteilt werden.
Die Fahrstromeinspeisung erfolgt dann über sogenannte Belegtmelder zu den einzelnen getrennten Schienenabschnitten. Mit diesen Belegtmeldern kann das Digitalsystem feststellen, wo sich die Fahrzeuge befinden, und die Informationen dann verarbeiten.

Dieses Selbstbau-Gleisbildstellpult besitzt eine übersichtliche und daher auch für Gäste nachvollziehbare Bedienung.
Foto: Jochen Frickel

4. Planung

Die Abläufe sind individuell verschieden, klar. Jeder Modellbahner hat da wahrscheinlich sein eigenes Konzept. Es geht in diesem Kapitel weniger darum, ein verbindliches Vorgehen aufzuzeigen, sondern vielmehr darum, auf Klippen und Wegelagerer aufmerksam zu machen, die einem vom rechten Weg zur Anlage abbringen können.

4.1. Ideenschmiede

Schon wenn der Modellbahner die erste Lok, den ersten Wagen in Händen hält, ist er kein blutiger Anfänger mehr, sondern in seinem Kopf entstehen die ersten Ideen für eine Anlage. Diese Ideen sind es wert festgehalten zu werden. Das geschieht in der Regel mit Bleistift auf Papier. Für die ersten Entwürfe ist das das übliche Verfahren.
Dutzende Seiten Papiers wird verbraucht, viele Ideen entwickelt. Wenn es aber an das Umsetzen der Ideen in die exakte Planung geht, wird es schwierig. Denn nun kommt es auf Genauigkeit an.
Die Planung kann dann auch weiterhin mit dem Bleistift erfolgen, aber der Otto Normalmodellbahner kriegt damit bestenfalls Entwürfe hin. Die verlässliche, genaue Planung gelingt dem Durchschnittsbahner am besten mit einem Gleisplanungsprogramm für den Computer. Und das zu bedienen ist wirklich nicht schwer.
Wichtig ist, dass man sich in der Planungsphase wirklich Zeit lässt.
Zwischen der Idee, dem ersten Entwurf und der Reinzeichnung sollte viel Zeit liegen. Denn nur so kann ein Plan reifen, wird verändert, verbessert, verfeinert und erweitert. Wer gleich loslegt und Holz für die Trassen sägt, wird ganz sicher hinterher frustriert sein. Denn viele neue Ideen sind in den Plan gar nicht mehr eingeflossen oder können nur unter großem Aufwand nachträglich umgesetzt werden.

4.1.1. Teil für Teil

Von Anfang an sollten selbstständige Teilabschnitte eingeplant und später auch gebaut werden. Dieser planerische Mehraufwand ist zunächst einmal umständlich zu handhaben, klar. Aber dieser Mehraufwand macht sich bezahlt.
Man stelle sich vor, wochen- und monatelang immer nur dasselbe bauen zu müssen, z. B. meterweise Gleise zu verlegen und einzuschottern. Solche eintönige Freizeitbeschäftigung birgt die Gefahr, dass man schnell die Lust am weiterarbeiten verliert. Wichtiger wäre es z. B. den Schattenbahnhof betriebsfähig herzurichten und vielleicht ein Stück Strecke dazu. So kann man schon nach kurzer Zeit Betrieb machen und das Hobby besteht nicht nur aus sturem Gleisverlegen und Ähnlichem.
Eine andere Möglichkeit ist es, die Anlage von vorneherein als Etappenwerk anzulegen, die einzelnen autonomen Teilabschnitte werden nach und nach zum großen ganzen zusammengefügt.
Ein weiterer Vorteil rasch zum ersten Betriebserlebnis zu kommen ist der nicht zu unterschätzende Umstand, dass der Modellbauer nicht nur erste Erfolgserlebnisse hat, sondern auch wertvolle Erfahrungen sammeln kann. Denn er hat ja nicht nur Gleise zusammengesteckt, sondern er hat vom Unterbau bis zur elektrischen Verschaltung schon fast alle

Auch wenn der Geländerbau noch gar nicht begonnen hat, sind die ersten Fahrversuche doch ein gewisser Höhepunkt. Warum nicht die ganze Anlage in einzeln abgeschlossenen Etappen bauen? Angenehmer Nebeneffekt: Man kann immer wieder mal etwas Funktionierendes vorführen und – eingeschränkt – Betrieb machen.

Bereiche des Modellbahnbaus zumindest angerissen. Fehler, die in solch einem Stadium passieren, sind »wertvoll«, lernt man doch aus ihnen und vermeidet sie bei den folgenden Bauabschnitten. Nicht zu unterschätzen ist auch der Effekt, wenn man Besuchern schon einmal »was vorführen« kann.

Meine Hobbykollegen sind in ihrer Arbeitsweise recht unterschiedlich: Der eine kann stur tagein, tagaus schottern, kleben, schottern, kleben, schottern, kleben – wahrscheinlich

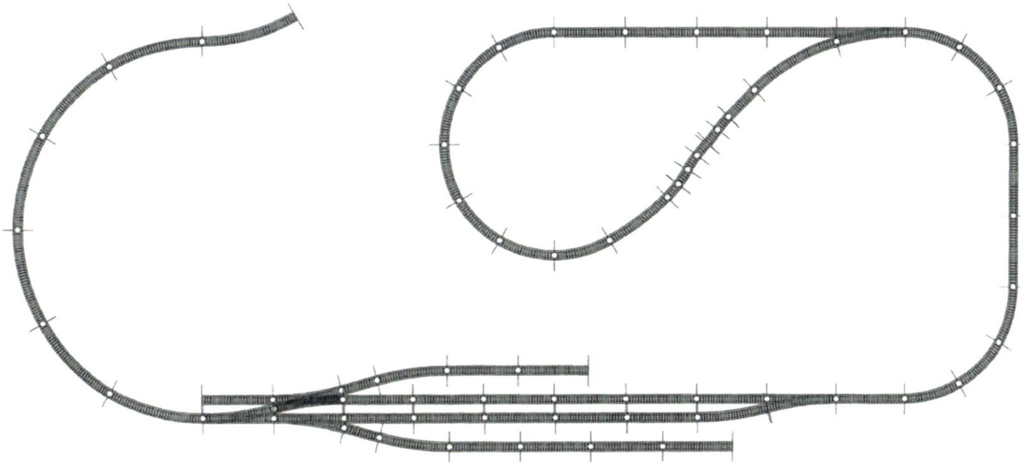

Der im Fließtext erwähnte Bahnhof, bei dem die Ausfahr- mit einer Kehrschleife kurzerhand verbunden worden ist. Damit ist schon mal etwas Betrieb möglich.

macht er in diesem Moment, da diese Zeilen geschrieben werden, auch nichts anderes. Der andere wiederum ergeht sich in komplexer Schaltungstechnik und kommt vor lauter Strippenziehen nicht zum Gleiseeinschottern. Ein anderer kommt über das Plänezeichnen nicht hinaus und wieder ein anderer hobelt schon monatelang am »perfekten Unterbau« herum, dort liegen noch nicht mal Gleise.
Ich persönlich brauche nach mehr oder weniger anstrengenden Bauphasen immer das Fahr- und Betriebserlebnis. Da lassen sich dann Betriebsabläufe verbessern und Planungsfehler beseitigen. Dann kriegt man nämlich wieder Lust weiterzubauen.
Wie könnte eine Planung für die »abschnittsweise Inbetriebnahme mit früher Erfolgsgarantie«, um es einmal auszusprechen, nun im Detail aussehen? Gehen wir von einer Anlage durchschnittlichen Größe aus, zwei Bahnhöfe, Schattenbahnhof, Hauptstrecke mit abzweigender Nebenbahn – das dürfte Modellbahners »täglich Brot« sein.
Der Trick ist ganz einfach: die Ausfahr- sind mit den Einfahrgleisen verbunden – blöd, zugegeben, aber der Fahrspaß kann schon in diesem frühen Stadium beginnen und nicht erst nach Jahren, wenn die Bahnhöfe zumindest technisch fertig gestellt sind. Man könnte diese Verbindung freilich noch kaschieren, aber warum eigentlich.

4.1.2. Zeitplan

Niemand wird so bürokratisch vorgehen, um einem Zeitplan für seine Freizeitbeschäftigung anzulegen. Einen verbindlichen Plan kann auch der Autor nicht geben, denn die Lebensumstände jedes Hobbykollegen sind schließlich grundverschieden, die Größe der zu planenden und zu bauenden Anlage schließlich auch.
Aus meiner eigenen Anlagenbau-Erfahrung weiß ich als Berufstätiger mit Familienanschluss, dass in den Sommermonaten für gewöhnlich im Hobbyraum wenig bis nichts passiert, im Winterhalbjahr dagegen umso mehr. Es war zumeist so, dass mir beim Betrieb der aktuellen Anlage irgendetwas nicht mehr gefiel, der Plan für eine neue – natürlich bessere – Anlage keimte, reifte und »brach« schließlich hervor.
Die Inkubationszeit für grundlegend neue Pläne hat schon mal zwei Jahre in Anspruch genommen. Ein Zeitraum, in dem dutzende Pläne gezeichnet worden sind, dutzende Ideen eingeflossen und wieder hinausgeworfen worden sind. Auch die Zeit für die Planzeichnungen nimmt Zeit in Anspruch.
Schneller geht es dann bei der Umsetzung: Durchschnittlich vier Monate nach Baubeginn fuhren immer schon die ersten Züge. Wichtig ist das darauf folgende halbe Jahr, in dem die Bautechnik optimiert und das weitere Vorgehen verbessert wurden – man hat schließlich die ersten Erfahrungen schon sammeln können.
Ein gutes halbes Jahr veranschlage ich für die Ausgestaltung und Fertigstellung eines Bauabschnitts. Also nach anderthalb Jahren könnte man schon einiges auf den Weg gebracht haben.
Um den Zeitbedarf einzelner Arbeitschritte einschätzen zu können, macht man sich Aufzeichnungen. D. h. nicht, dass der Modellbahner mit der Stoppuhr seine Arbeiten begleiten soll, sondern es ist doch durchaus interessant zu erfahren, wie lange man z. B. benötigt, um anderthalb Meter Gleis zu verlegen, einzuschottern, farblich zu gestalten.
Man kann dann bei späteren Planungen solche Zeiten berücksichtigen, es ist eben nützlich den durchschnittlichen Zeitaufwand für Standardtätigkeiten wie eben Gleise verlegen, Holz bearbeiten, gipsen, verkabeln, begrasen, detaillieren etc. beim Anlagenbau zu kennen.
Wie bereits weiter oben angesprochen, gehören Hektik und Stress in Rücksicht auf ein

befriedigendes Ergebnis aus dem Modellbahnzimmer verbannt.
Fassen wir noch mal zusammen:

- bei der Planung Zeit lassen
- Zeitbedarf kennen lernen
- keine Hektik oder Stress aufkommen lassen

Keine Hektik aufkommen lassen und wenn doch, kurz am See abliegen, Ruhe aufkommen lassen und dann frisch gestärkt ans Werk!

Und noch ein ernst gemeinter Tipp zum Thema Zeitplan: Man sollte sich unbedingt »Zeitpunkte« setzen, an denen man bestimmte Aufgaben abschließt. Um nicht missverstanden zu werden: Es geht nicht darum, nun doch über die Hintertür wieder Zeitdruck und Hektik ins Hobby Einlass zu gewähren. Man muss sich vornehmen **fertig werden zu wollen**, denn schließlich will man ja auch einmal die Anlage in Betrieb nehmen. Zudem gibt es Arbeitsschritte, die einfach vollendet sein müssen, ehe man weiterbauen kann, z. B. müssen die Gleise verlegt sein, ehe der Geländebau beginnen kann. Im Sinn einer »Zeithygiene«, die durchaus aufkommenden Stress unterbinden kann, sollte man sich also immer das Ziel setzen, fertig werden zu wollen. Ansonsten wurschtelt man ewig vor sich hin und nichts wird jemals so sein, wie es sein soll.
Dazu gehört auch, dass man die Planung an einem bestimmten Punkt beschränkt, Stifte und Lineal aus der Hand legt und loslegt. Auch wenn es heißt, dass man sich Zeit lassen soll und sorgfältig plant. Wer zu lange plant – eine genaue Zeitangabe ist natürlich nicht möglich -, der läuft nämlich Gefahr den Erfolg des ganzen Projekts zu gefährden, weil er im ewigen Planen hängen bleibt.

4.1.3. Arbeitsplan

Empfehlenswert ist es einen Arbeitsplan aufzustellen, der die einzelnen Schritte festlegt. Das ist wichtig für den, der Werkzeuge und Materialien beschaffen muss. Man organisiert den Arbeitsplan in einzelne Etappen. Ein solcher Plan könnte wie in der folgenden Tabelle aussehen:

Etappe	Arbeiten	Material
1. Sorgfältige Planung und Bau der Unterkonstruktion	Plan wird in kleine Bauabschnitte unterteilt Liste der benötigten Unterkonstruktionsmaterialien erstellen Unterkonstruktion erstellen	Schraubenzieher evt. Akkuschrauber, Winkel, Schraubzwingen Spax-Schrauben, passend zur verwendeten Holzdicke, Weißleim
2. Teilabschnitte werden zu größeren Einheiten zusammengefügt (genaues Arbeiten erforderlich)	Teilabschnitte miteinander verschrauben (wieder lösbar) und ggf. verleimen (fest verbunden)	Schraubzwingen, die Übergänge von Abschnitt zu Abschnitt genau ausführen; Diskrepanzen, vor allem an der späteren Fläche mit Zugverkehr, sind später kaum mehr auszugleichen
3. Vorbereitung des Gleisbaus (benötigt sehr viel Zeit)	Gleise verlegen; wenn selbst geschottert werden soll, zunächst Korkplatten auflegen und Gleisplanschablonen auflegen und befestigen; dann die Gleistrassen anzeichnen, sodass nach Abnahme der Schablonen der Kork großflächig ausgeschnitten werden kann; dann Kork aufkleben, darauf die Gleise befestigen	Schneidewerkzeuge (Schere, Cuttermesser), Stecknadeln zum Fixieren der Gleisschablonen, Sprühkleber, Korkkleber, Gleisschablonen (z. B. am PC und im Drucker oder von Hand oder als Kopien) selbst angefertigt
4. Gleisverlegung (extrem zeitaufwendig)	An Weichenverbindung beginnende Gleise den aufgeklebten Schablonen anpassen, Flexgleise auflegen und anpassen, exakt gerade Gleise erreicht man durch Anlegen der Flexgleise an langes Stahllineal oder Wasserwaage	Schienenverbinder, Cuttermesser, Zange, Bohrmaschine, Trennscheibe, Feilen, Schleifpapier, Kontaktkleber, Wasserwaage oder langes Stahllineal

5. Verdrahtung der Gleise (relativ einfach zu bewerkstelligen, viele Routinearbeit, auf klaren Kabelverlauf und eindeutige Zuordnungen achten)	Stromzuführung an Schienen löten; Löcher bohren, durch die Kabel in Untergrund verlegt werden kann; Weichenantriebe montieren, auch unterflur, und anschließen; Stromzuführung mit Stromversorgung (Trafo) verbinden; Weichen an Stelleinheiten anschließen	Bohrmaschine, Abisolierzange, Lötkolben, Lötzinn (bleifrei), Litzen, Draht, Schalter, Taster
6. Probefahrten	Ausgiebiges Testen aller Gleisverbindungen	Unbedingt verschiedene Fahrzeuge einsetzen, sowohl die mit guten als auch die mit miesen Fahreigenschaften (gibt es Entgleisungen? Hemmungen?, knirscht was?)

Viel Arbeit für die Köf, aber mit 'nem Arbeitsplan geht's vielleicht nicht schneller, aber strukturierter allemal.

4.1.4. Was gern vergessen wird

Schon bei der Planung kann man viel falsch machen. Klar, wann denn sonst, wird so mancher denken. Aber im Ernst: Die Anlagen-Zugänglichkeit wird oft nicht gebührend berücksichtigt.
Im Planungseifer denkt man halt nicht daran, dass man später auch an entlegene Winkel kommen muss, um mal etwas zu reparieren oder eine entgleiste Lok wieder ins Gleis zu lupfen. Und ganz davon abgesehen: Die Anlage muss ja auch noch gebaut werden, d. h. entlegene Winkel müssen auch ausgestaltet werden – ein besonderes Problem, wenn man nicht hinkommt.

Noch kommt man ja an alles gut ran, was aber wenn der Zug im Tunnel verschwindet? Foto: Jochen Frickel

Es mangelt nicht an gut gemeinten Vorschlägen: Ähnlich wie im Miniatur-Wunderland in Hamburgs Speicherstadt hat ein Kollege eine verfahrbare »Brücke« aus Metallprofilen gebaut, auf der er liegend bei Bedarf über die Anlage fährt. Nun, in Hamburg geht das angesichts der Dimensionen nicht anders, aber im Hobbyraum?
Der kluge Mann plant die Zugänglichkeit mit ein, auch wenn es wertvollen Nutzraum kostet, der als Verkehrsfläche dann fehlt. Aber sei es drum.
Bei einer Anlagentiefe jenseits der, sagen wir 50 cm, machen feine Detaillierungsarbeiten Mühe, jenseits der 60 cm sind sie unmöglich. Aufgleisen ist bis zu einer Anlagentiefe von etwa 80 cm noch durchzuführen, darüber hinaus wird es zum Zufallsspiel. Zudem ist zu bedenken: je höher die Anlage ausgeführt wird, umso mehr verringert sich das Zugriffsmaß: Bei einer Anlagenhöhe von 100 cm kann ein Erwachsener von etwa 180 cm Körpergröße gut 80 cm weit ausgreifen, bei einer Anlagenhöhe von 120 cm aber verringert sich dieses Maß bereits um 15 cm auf 65 cm Eingriffstiefe, bei 140 cm Höhe verringert sich die Tiefe bereits auf 60 cm. Wer kleiner als 180 cm ist oder vielleicht Probleme mit dem Bücken hat, kriegt da noch größere Probleme, größere bekommen sie erst etwas später.

4.1.4.1. Höhe und Betrachtungswinkel

Ein anderer Fehler ist die falsche Höhe der Anlage. Empfohlen wird manchmal, dass man die entstehende Anlage etwa so hoch anordnen soll, dass die Züge etwa in Augenhöhe verkehren. Es stimmt schon, dass das für aufregende Perspektiven sorgt. Aber: Was aber, wenn die Anlage für sitzende Bedienung eingerichtet wird, werden Ausflüge in die »Unterwelt« z. B. für Wartungsarbeiten an der Verkabelung aufgrund der geringen Höhe dort unten zum Abenteuer. In einem solchen Fall leistet ein »Wartungsmobil« gute Dienste: Ein durch Möbelrollen verfahrbarer Untersatz, leicht selbst zu bauen und mit Schaumstoff einfach zu polstern.

Die richtige Anlagenhöhe verschafft durch »lebensechte« Perspektiven aufregende Motive.

Wer schon einmal unter der für Bedienung im Sitzen eingerichteten Anlage liegend über Kopf Verdrahtungsarbeiten durchgeführt hat, weiß, was für eine anstrengende Arbeit das sein kann. Ohne Unterstützung für den Kopf ist das kaum durchzuhalten, Kopf-, Nacken- oder Rückenschmerzen auch bei jüngeren Zeitgenossen möglich. Zumindest eine Nackenrolle sollte für einen solchen Fall bereit liegen.

Und selbst wenn die Anlage für stehende Bedienung eingerichtet worden ist (Anlagenhöhe etwa 150 cm (bei einer Körpergröße von 185 cm), natürlich je nach Körpergröße unterschiedlich) und man einigermaßen unter der Anlage herumlaufen kann, drohen Verletzungen durch Kopfrempler und dabei in die Haut eingezogene Holzschliffer. Darum exponierte Stellen polstern, beispielsweise durch Schaumgummiplatten (gibt es im Gummifachhandel oder im Baumarkt, wo sie aber verhältnismäßig teuer sind) oder Styropor, was aber nicht ganz so widerstandsfähig ist. Ein Hobbykollege hat exponierte Stellen seiner Anlagenunterseite mit alten Sofakissen versehen – empfehlenswert, gleichwohl rustikal wirkend.

Generell muss man sich fragen, aus welcher Perspektive man seine Anlage betreiben will: Wie geschildert aus der Vogelperspektive (stehend bei Anlagenhöhe von etwa 120 cm)

Auch kleine Baugrößen gewinnen bei der »lebensechten« Perspektive, also der Anlage in Augenhöhe, enorm.

oder wie der Stellwerker (stehend bei Anlagenhöhe um die 150 cm). Problematisch bei der sitzenden Bedienung ist immer die relative Unbeweglichkeit, selbst wenn man sich mittels Stuhl auf Rollen an der Anlage entlangschubst. Zwangsläufig hat man im Sitzen auch immer nur eine Perspektive, nämlich die vom Stuhl aus. Das ist eine Anlagenbedienung im Stehen besser: Man kann sich parallel zum Zug und mit dem ausfahrenden Zug entlang der Landschaft bewegen – das verlieht die gewünschte gute Illusion vom »Fahren mit dem Zug über die Anlage«.

4.1.4.2. Falsche Anlagentiefe

Ein weiteres Problem entsteht bei zunehmender Anlagentiefe: Man stelle sich vor, auf einem etwa 80 cm tiefen Anlagenstück muss an der gegenüberliegenden Wand etwas gerichtet werden, vielleicht ein entgleister Wagen, vielleicht eine stehen gebliebene Lok. Selbst wenn der Modellbahner die andere Wandseite erreicht, so besteht die Gefahr, dass er beim Drüberbeugen an der Anlagenvorderkante Schäden verursacht.
Mancher hat sich schon Zangen mit gepolsterten Backen gebaut, um seine Fahrzeuge auch an entlegenen Stellen der Anlage wieder aufzugleisen. Besser aber ist es, gleich bei der Planung daran zu denken und die Zugänglichkeit sicherzustellen.
Man kann natürlich Detaillierungsarbeiten von hinten nach vorne durchführen und an den Stellen Feinarbeit leisten, die bei fortschreitendem Anlagenbau immer weiter aus der Reichweite des Modellbauers kommen. Aber kann er ganz sicher sein, niemals mehr an diese Stellen greifen zu müssen? Eine einfache Lösung wäre es z. B. die Anlage komplett verfahrbar zu bauen, etwa indem die Standbeine mit Rollen (aus dem Baumarkt) versehen werden. Bei entsprechendem Zuschnitt des Raums, in dem die Modellbahn steht, könnte

Beeindruckendes Betriebswerk, gewiss. Aber was, wenn dort hinten mal was passiert, man putzen will oder ein Detail umgefallen ist?

Der vorausschauende Modellbahner lässt seine Fahrzeuge niemals alleine in den dunklen Wald. Will sagen, in den unzugänglichen Tunnel, ohne Eingriffsöffnungen. So manches entgleiste Fahrzeug taucht ansonsten erst nach Jahren, z. B. beim Abbau der Anlage, wieder auf.

Eine solche Modulanlage ist immer leicht zugänglich. Allerdings muss der notwendige Bedienungsgang berücksichtigt werden.

man dann die Anlage von der Wand ziehen und an die entlegenen Stellen greifen.

Eine gute Lösung an entlegene Stellen zu gelangen sind Bedienungsöffnungen, kernig-technisch »Mannloch« genannt. Sie sollten – bei Anlagen für stehende Bedienung mit entsprechender Bauhöhe – einen Durchmesser von mindestens 60 cm haben, bei korpulenteren Zeitgenossen natürlich entsprechend mehr. Und selbst bei schlanken Modellbahnern reicht dieses Maß kaum mehr aus, wenn die Bauhöhe der Anlage unter 100 cm liegt: Unter der Anlage muss man zum Mannloch kriechen und sich dort aufrichten; in einem solchen Fall muss die Öffnung mindestens 80 cm betragen.

Es kann auch notwendig sein, mehrere Mannlöcher einzuplanen. Nicht nur während der Bauphase, sondern auch nach Fertigstellung der Anlage oder des Teilabschnitts ermöglichen sie den Zugang für Arbeiten aller Art.

Eine einfache Möglichkeit ein Mannloch zu kaschieren ist ein großes Bauwerk, z. B. eine Burg. Diese kommt auf einer Grundplatte zu stehen, die als ganzes herausgenommen werden kann. Die Fugen werden kaschiert, z. B. mit Büschen und Bäumen, sodass kaum etwas zu erahnen ist.

Manche Hobbykollegen bauen solche Anlagenöffnungen klappbar ein und arretieren sie nach dem Hochklappen, beispielsweise durch Haken und Ösen. Andere gestalten die Öffnungen so, dass sie von oben abnehmbar sind. Das könnte man z. B. mit einem Felsstück gestalten, das mit dem herausnehmbaren Teil über einen Dübel fest verbunden ist. Man packt den Fels und hebt den Einsatz ab.

Abschließend sei auch noch auf die notwendige Gangbreite hingewiesen. Es ist schön, wenn man bei der Planung Zugriffsgänge vorgesehen hat, es ist aber schlecht, wenn diese zu schmal bemessen sind. Ein normal gebauter mitteleuropäischer Modellbahner benötigt einen Gangbreite von 60 cm, wenn er sich seitlich vorwärts bewegt, reichen auch 40 cm.

Soll die Anlage vielleicht für mehrere Personen eingerichtet werden, dann müssen die notwendigen Gänge bei der Bedienung mindestens 90 cm breit sein, sodass sich zwei normal gebaute mitteleuropäische Modellbahner (Mimo) aneinander vorbeizwängen können. Bitte beachten: Das sind jedoch Mindestmaße, die Schäden an der Anlagendetaillierung beim Vorbeizwängen unserer beiden Mimos nicht unbedingt ausschließen. Also, wenn es möglich ist, lieber etwas mehr Platz einplanen – die Details werden es einem danken und die Freude beim Spiel wird den Mehraufwand an Planung und Hirnschmalz mehr als wett machen.

4.1.4.3. Zusammenfassung der Maße

Hier zusammenfassend einige Mindestmaße für die problemlose Bedienung und Zugänglichkeit einer Modellbahnanlage.
Zunächst Daten für eine Anlage, die für eine Bedienung im Sitzen geplant wird:

Anlagentiefe/Aktionsradius in cm	Art der Arbeiten
Bis zu 50	Feine Detaillierungsarbeiten sind möglich
51- 60	Detaillierungen beschränkt möglich
Über 61	Zufriedenstellende Detaillierung kaum mehr möglich, Aufgleisen mit Geschick und Glück machbar

Anlagenhöhe in cm	Art der Arbeiten
65	Mindesthöhe des lichten Raums unter einer Anlage, um Installationsarbeiten noch zu ermöglichen
80	Mindesthöhe für die Bedienung einer Anlage im Sitzen
110	Maximalhöhe für die Bedienung einer Anlage im Sitzen

Daten für eine Anlage, die für eine Bedienung im Stehen geplant wird, die Maße und Empfehlungen wurden mit einem Erwachsenen (durchschnittlicher mitteleuropäischer Modellbahner) von 180 cm Körperhöhe ermittelt:

Anlagenhöhe in cm	Art der Arbeiten
120	Für Bedienung im Stehen nicht empfehlenswert
140	Mindesthöhe für die Bedienung einer Anlage im Stehen
150	Optimale Höhe einer Anlage für Bedienung im Stehen
180	Maximalhöhe für die Bedienung einer Anlage im Stehen

Folgende Tabelle zeigt, wie eine steigende Anlagenhöhe die Eingriffstiefe reduziert:

Anlagenhöhe in cm	Maximaler Aktionsradius in cm ohne anzunehmende Beschädigungsfolge
140	60
150	55
160	50
170	45
180	40

Allgemeine Daten für die Anlagenplanung

Bedienung der Anlage durch:	Gangbreite in cm
Eine Person	Mindestens 60, bei seitlicher Bewegung mindestens 40
Bei zwei und mehr Personen	Mindestens 90, besser 100

4.1.5. Weitere Planungsfehler

Natürlich schleichen sich beim Planen der Modellbahn zwangsläufig Planungsfehler ein. Das ist durchaus vorbildgerecht, oder warum werden denn Projekte des Vorbilds immer teuer als zunächst festgelegt?

Aber ganz ohne Häme: Es ist eben sehr schwierig (auch beim Vorbild) alle möglichen Parameter bei der Anlagenplanung ausreichend zu berücksichtigen. Tun sollte man es aber, denn sonst stellen sich beim Betrieb hinterher Mängel ein, die einem unter Umständen den ganzen Spaß verderben. Von den möglichen Nerven und Kosten für Umbaumaßnahmen mal ganz zu schweigen.

Hier finden sich typische Fehler, die einem unterlaufen können, zusammengefasst. Zugleich gebe ich Hinweise, wie sie sich vermeiden lassen. Der wohl häufigste Fehler ist ein zu wenig klar definiertes Anlagenthema: Da rumpelt der Schnellzug durch zu enge Radien, lange Güterzüge quälen sich durch winzige Bahnhöfe, man kann keine Zügen bilden, Hochgebirge und Nordsee liegen eng beieinander etc.

Da die meisten Anlagen eher kleineren Zuschnitts sein dürften, bedingen die umso mehr eine exakte Thematisierung. Bahnhöfe, Strecken, Landschaft und Züge stehen in gegenseitigem Abhängigkeitsverhältnis und nur wenn diese in harmonischer Beziehung zueinander stehen, ergibt sich das überzeugende Ganze.

Das erklärt, warum viele Modellbahner so gerne Nebenbahnthemen aufgreifen: Beschaulicher Verkehr mit kürzeren Zügen auf bescheidenen Gleisanlagen in viel Landschaft; das ist durchaus vorbildgerecht und stimmig – die Anlage ist gelungen und der Betrieb schenkt einem die Entspannung und Freude, die man sucht.

Eng damit verknüpft der nächsthäufigste Felder: das ungenügende Betriebskonzept. Da sitzt der Modellbahner nach getaner Aufbauarbeit vor der Anlage und weiß nicht so recht, was er jetzt anfangen soll. Typisch für eine Planung ohne ausreichendes Betriebskonzept. Bei guter Planung, wenn man sich also ausgiebig Gedanken zur betrieblichen Konzeption seiner Anlage gemacht hat, ergeben sich die Betriebsmöglichkeiten von alleine und man wird vor lauter Aufgabenmöglichkeiten gar nicht mehr fertig zu spielen, zu fahren und zu rangieren.

Lange Züge benötigen großzügige Radien um zu wirken. Foto: Jochen Frickel

Daher unbedingt vorab ein Verkehrskonzept (siehe Kapitel Drehbuch) entwerfen; was will man auf der Anlagen haben? Viel Personenverkehr oder lieber viel Rangieren oder reiner Güterverkehr oder nur Loks rangieren im Bw?

Fehler Nummer drei, der gerne gemacht wird, betrifft die zu schwache, ja ungeeignete Anlagenbasis aus schlechtem Material. Aus Kostengründen verwenden viele Modellbahner gebrauchte Unterbaumaterialien. Was bei der Konstruktion der tragenden Teile meist noch gut geht, führt beim Einsatz gebrauchter Trassenbretter meist recht bald zu Ärger: Die Gleise werden holprig über Leimreste und Schraubenlöcher verlegt, Entgleisungen und Unterberechungen der eiligen Fahrt sind die Regel. Ausgerissene Kanten an Holzteilen bergen Verletzungsgefahren, von der bisweilen fragwürdigen Stabilität ganz abgesehen.

Manchmal genügt der Unterbau trotz des Einsatzes neuer Materialien nicht den Anforderungen an Verwindungssteifigkeit und Stabilität. Gute Tipps zur Anlagenunterbaukonstruktion sind z. B. in »Die große transpress-Modellbahn-Werkstatt«, Stuttgart 2007, von Georg Kerber und Andreas Stirl zu finden.

Dann kommen wir schon zum vierten Fehler, der unpassenden Anlagenform. Sie zeigt sich am zu eng bemessenen Raum zwischen den Anlagenschenkeln oder an der mangelhaften Zugänglichkeit zu bestimmten Anlagenteilen. Darüber hinaus unterbindet die falsche Anlagenform, die im Gegensatz zu den räumlichen Gegebenheiten »durchgedrückt« wurde, jegliche spätere Weiterentwicklung, etwa Vergrößerungen der Anlagengrundfläche.

Umso genauer sollte der Modellbahner bereits im Vorfeld noch bevor der erste Sägeschnitt gemacht worden ist, mit sich ins Gericht gehen. Passt die Form der Anlage, sind spätere Erweiterungen drin, kann ich das Ding überhaupt angemessen bedienen?

Wenn sich die Anlagenoberfläche so wellt, wie hier zu sehen, die Züge folglich eine gelinde Berg- und Talfahrt vollführen, sieht das nicht nur unschön aus, Kontaktprobleme sind vorprogrammiert. Foto: Jochen Frickel

Der Fehler, der an Position fünf unserer Fehlertabelle kommt, ist nicht leicht zu umschreiben, schließlich will man ja auch niemanden beleidigen. Aber so mancher Modellbahner überschätzt seine Fähigkeiten. Das heißt weniger die finanziellen Möglichkeiten oder gar das Wissen über das Hobby. Nein, gemeint ist vielmehr, dass sich viele Hobbykollegen mit einem Projekt einfach übernehmen, es auszuführen und zu bauen übersteigt schlicht und einfach die Kräfte eines Einzelnen und bisweilen auch die handwerklichen Fertigkeiten. Wenn man schon keine Helfer hat, kann man dann den Plan vielleicht günstiger gestalten, in kleinere handhabbarere Teilabschnitte aufteilen? Habe ich jemanden an der Hand, der z. B. Schreinerarbeiten erledigen kann, habe ich jemanden, den ich fragen kann, wenn ich technisch nicht mehr weiter weiß?

Das Schlusslicht unserer Fehlertabelle bildet die liebe Elektrik, deren Klippen so manchen Hobbykollegen vor unlösbare Aufgaben stellt. Drum plant der weise Mann so, dass er elektrische Delikatessen erst gar nicht auf den Tisch, sprich unter die Anlage, bekommt. Ein Beispiel: Das technische System Modellbahn birgt einige Grundvoraussetzungen, um die man nicht herumkommt. Generell sollte man betriebsgerecht planen und keine allzu komplizierten Weichenstraßen aufbauen. Mal von der Problematik der Herzstückpolarisierung bei Gleichstrombahnen abgesehen, ist die Beschaltung einer komplexen Weichenstraße mit Kreuzungen vom Modellbahner technisch zu bewältigen? Eine weitere Frage: Wird es dem Modellbahner Spaß machen, Fahrstraßen festzulegen und kann er das diese schaltungstechnisch bewältigen?

Auch die Frage digitale oder analoge Steuerung ist in dieser Perspektive problematisch. Es ist mitnichten so, wie es die Werbung Glauben machen will, dass digitale Bahnen weniger Verdrahtungsaufwand verursachen. Traut man sich die komplette Digitalisierung der entstehenden Bahn zu? Wenn ja, bedingt das weitere u. U. ausufernde Detailplanung, wenn die Bahn die Betriebsanforderungen, die man erwartet, erfüllen soll.

4.2. Detaillierte Modellbahnplanung

Nach der Auswahl des passenden Themas und nach einem ersten Entwurf folgt nun die Detailplanung der Modelleisenbahnanlage. Zuvor müssen wieder einige Fragen beantwortet werden, die sich auf den späteren Betrieb beziehen. Das ist m. E. wichtig und entscheidet über den Grad der Zufriedenheit, die die spätere Modellbahn ihrem Betreiber vermitteln kann. Die wichtigsten Fragen lauten:

- Wie und wo werden Bahnhofsgleise und Weichenverbindungen angelegt?
- Welcher Gleisplan bietet später einen vorbildgerechten Eisenbahnbetrieb und zugleich einen ausreichenden Spielspaß?
- Welche Teile der Modelleisenbahnanlage werden verdeckt, welche sind einsehbar?
- Wie fügen sich die Gleisanlagen in die Landschaft ein?

Diese Punkte sind so entscheidend, dass man sich nicht lange genug Gedanken dazu machen kann.
Um die spätere Verkabelung zu vereinfachen wurden bereits in diesem Stadium die Gleisabschnitte im Bahnhof und die Weichen mit Bezeichnungen versehen. Auch die Anzahl und die Standorte der erforderlichen Signale mit den zugehörigen Bezeichnungen sind bereits in diesem Gleisplan enthalten.

4.2.1. Der »Steckbrief«

Nachdem die wichtigsten Parameter geklärt sind und ein Gleisplan entworfen worden ist, kann man einen »Steckbrief« für seine entstehende Anlage entwerfen. Warum? Er soll die wichtigen Daten der Anlage oder eines Segments fixieren. Überflüssige Bürokratie? Mitnichten!

Der Steckbrief hilft, sich an die Pläne vom Frühjahr zu erinnern, wenn der Sommer und Herbst keine Zeit fürs Hobby lassen. Dann kann der Zug im Winter endlich rollen…

Man stelle sich vor, aus irgendwelchen Gründen muss der Weiterbau an einer Anlage unterbleiben, Modellbahner mit Familienanschluss können sicher ein Lied davon singen. Wenn man dann nach einem halben Jahr (durchaus realistische Einschätzung, wie ich aus eigener Erfahrung und der von Hobbykollegen weiß) wieder in die Hände spuckt, mag so manche Idee, manches Maß oder manches Planungsdetail vergessen worden sein. Ein Blick auf den Steckbrief ruft die wichtigsten Details wieder in Erinnerung.
Der Steckbrief umfasst folgende Posten:
Maße
Thema
Gleisplan
System
Verkabelung
Damit sind die wichtigsten Kenndaten festgeschrieben.

5. Bahnhöfe

Der Bahnhof ist die Verkehrs- und Betriebsanlage der Eisenbahn, logisch. Unsere Bahnhöfe haben aber mit denen des Vorbilds selbst bei maßstäblicher Verkleinerung nicht mehr als den Namen gemein. Der Modellbahnplaner will bei gegebener Längenbeschränkung möglichst lange Gleise auf seiner Anlage unterbringen. Die Längen unserer Bahnhöfe spotten jedem Vorbild, sie sind so lächerlich kurz, dass bei einem realen Bahnhof mit realen technischen Betriebsabläufen wohl kaum ein vernünftiger Verkehr abzuwickeln wäre.

Der Bahnhof der Gegenwart hat leider gar zu oft so gar nichts mehr mit dem Bahnhof einstiger glorreicher Eisenbahnzeiten gemein. Aber wir Modellbahner haben es da ja ganz gut: Lassen die alten Zeiten einfach wiederauferstehen... Foto: Jochen Frickel

5.1. Unerreichtes Ideal: Nutzlänge

Das Planzeichnen und Anlagenbauen ist immer ein Kampf um jeden Zentimeter Nutzlänge. Also geht es um die Gleisnutzlänge als der Länge, die dem Modellbahner für seine Züge am Bahnhof tatsächlich zur Verfügung steht. Wie ist diese zu maximieren? Übrigens: Die Gleisnutzlänge besteht im Prinzip aus der Länge des Gleises zwischen den Grenzzeichen. Weiter oben wurden im Zusammenhang mit der Nutzlänge eines Bahnhofsgleises der Begriff »Grenzzeichen« bereits erwähnt. Bei Vorbild signalisiert das kleine rot-weiße Zeichen die Stelle, bis zu der die Profilfreiheit bei zusammenlaufenden Streckenästen gewährleistet ist. Bis zu diesem Grenzzeichen also darf ich meinen Zug oder meine Lok heranfahren lassen, ohne den Verkehr vom einmündenden Nachbargleis zu gefährden.

Ein noch betriebener Bahnhof der Jetztzeit lässt die Dimensionen der Gleislängen erahnen. Foto: Jochen Frickel

Fast wie auf der Modellbahn: Bahnhof Sigmaringen an der württembergischen Donaubahn am 20.4.1998. Auch wenn die Nutzlängen hier niedlich anmuten, so sind es doch mehrere 100 m in jeder Richtung. Übrigens: Im Bahnhof zweigt das Gleis zur HzL ab (ganz links). Foto: Uli Ruopp

5.1.1. Nutzlänge und Weichen

Die Nutzlänge ist immer abhängig vom Abzweigwinkel der Weichen (angegeben in Winkelgrad zwischen dem gerade weiterführenden Stammgleis und dem abzweigenden

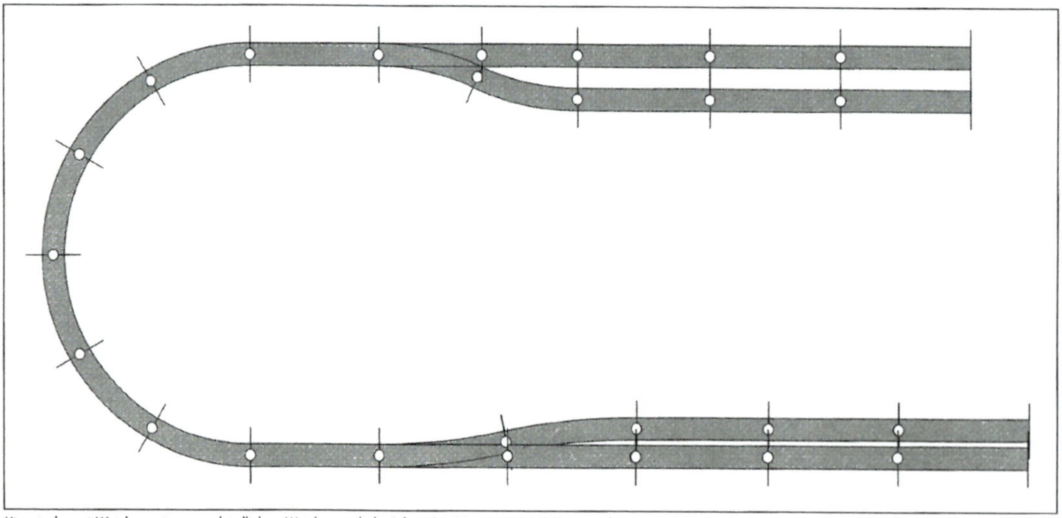

Hier sind zwei Weichen mit unterschiedlichen Weichenwinkeln (oben 24,3°, unten 12,1°) einander gegenübergestellt. Deutlich ist der Gewinn an Nutzlänge bei geringerer Länge des Gleises unter Verwendung der »steileren« Weiche zu sehen.

Tipp

Kleine Bastelei: Grenzzeichen

Man kann die kleinen unscheinbaren Zeichen kaufen, z. B. in stabiler, aber relativ teurer Metallausführung. Schon bei einer Anlage mittlerer Größe kommen einige zusammen. Mehr Spaß macht es aber sich selber welche zu bauen.
Beim Vorbild stehen Grenzzeichen an jeder Weiche und auch im Maßstab H0 helfen sie den Betrieb sicherer zu machen. In Maßstab 1:87 stehen sie an der Stelle, an der Abstand von Gleismitte zur Gleismitte des Nachbargleises etwa 4 cm beträgt (entsprechend die Baugrößen N: 2,1 cm, TT: 2,9 cm).
Eine Ausnahme stellen Bogenweichen dar, da sollte man Probefahrten (logischerweise mit den längsten auf der Anlage verkehrenden Fahrzeugen) unternehmen, um den richtigen Aufstellort zu finden.
Das Grenzzeichen hat im Maßstab 1:87 einen Durchmesser von etwa 1 mm (TT: 0,7 mm, N: 0,5 mm). An diesem Punkt scheiden sich nun strikt vorbildgetreu bauende Modellbahner von Leuten wie mir, denen die Sicherheit des Betriebs wichtiger als Vorbildtreue ist. In exakter maßstäblicher Größe ist das Grenzzeichen kaum zu sehen, von kleinern Maßstäben ganz zu schweigen. Daher lässt man sich zu einer Sünde hinreißen und baut sich eine leicht vergrößerte Darstellung der rotweißen Signale. Besser als der komplette Verzicht ist es allemal.
Zum Selbstbau verwendet man Stecknadeln mit weißen Köpfchen, wie sie in Wollfachgeschäften und Haushaltsartikelhandlungen zu erhalten sind (bisweilen auch im Gebinde mit bunten Köpfen).
In Abhängigkeit von der Beschaffenheit des Aufstellorts (Holz-, Kork- oder Styrodurunterlage) kürzt man die Nadeln mit der Kneifzange auf eine Länge zwischen 1 und 2 cm. Dann steckt man das Ganze in eine feste Unterlage zur weiteren Bearbeitung, z. B. einem Styroporblock oder einer Korkplatte. Wichtig ist, dass diese den Nadeln genügend Halt gibt.
Die derart befestigten Nadeln bemalt man jetzt mit roter Farbe nach Vorgabe des Vorbilds. Nach dem Durchtrocknen werden die »Grenzzeichen« aufgestellt und ggf. mit etwas Kleber befestigt.

Strang) und dem Parallelgleisabstand (Abstand von Gleismitte zu Gleismitte parallel verlegter Gleise). Diese beiden Parameter differieren je nach gewähltem Gleissystem.
Weichen mit geringem Abzweigwinkel, z. B. 9° oder 12°, gelten als »schlank« und vorbildähnlich, sie verringern jedoch die mögliche Nutzlänge des abzweigenden Gleisstrangs.

Warum? Sie führen in sehr flachem Winkel vom einen in den anderen Gleisstrang, was eine längere Wegstrecke erfordert, als bei einem steilen Weichenwinkel von z. B. 22,5°. Diese längere Wegstrecke fehlt nun bei der Nutzlänge des Abzweiggleises.
Dadurch wird die Crux dieser Weichen klar: Wer mit schlanken Weichen vorbildähnlich bauen will, muss bei durchschnittlichem Platzangebot geringere Gleisnutzlängen einkalkulieren. Wer mit steilen Weichen bauen will, erhält die längeren Gleisnutzlängen um den Preis geringerer Vorbildtreue. Denn steile Weichen sind beim Vorbild nur auf Industriegleisanlagen oder bei Abstellgleisen in Bahnanlagen untergeordneter Bedeutung vorhanden – oder besser waren vorhanden. Auf Hauptgleisen kommen sie nicht vor.
In der folgenden Tabelle werden die möglichen Nutzlängen bei der Verwendung bestimmter Gleissysteme (Maßstab H0) in der Übersicht einander gegenübergestellt. Ausgegangen wird dabei von der im Bild zu sehenden Gleisfigur (einfacher Abzweig in Parallelgleis) mit einer Gesamtlänge von ca. 1360 mm.

Fabrikat	*Weichenwinkel*	*Radius*	*Nutzlänge*
Fleischmann Modell	15°	415 mm	910 mm
Roco Line	15°	873 mm	750 mm
Roco Line	10°	1946 mm	500 mm
Märklin C	24,3°	437,5 mm	990 mm
Märklin C	12,1°	1114,6 mm	797 mm
Tillig	10°	900 mm	740 mm

Man muss sich also entscheiden, was man will: Soll das Gleisbild sehr vorbildgerecht sein oder will ich mit steileren Weichen lange Nutzlängen erreichen? Wenn sich das Gewünschte in der bevorzugten Baugröße nicht verwirklichen lässt, geht man in der Miniaturisierung eben eine Stufe kleiner. Scheidet das aus, weil man z. B. schon viel Material in einer Baugröße hat, entscheidet man sich für ein bescheideneres Thema, etwa eine kleine Nebenbahn oder gar einen Lokalbahnhof. Dort sind kurze Bahnsteige und kurze Gleislängen vorbildgerecht.

5.1.2. Weichenformen

Weichen sind heute in großer Vielfalt erhältlich, allerdings muss man auf das Angebot verschiedener Hersteller zurückgreifen, weil in den einzelnen Sortimenten nicht immer viele verschiedene Weichenformen erhältlich sind. Freunde des Wechselstromsystems sind, wenn sie nicht alles selber bauen wollen, in erster Linie auf Märklin angewiesen; dieser Hersteller hat die wichtigsten Weichenformen im Angebot, obgleich z. T. in recht steilen Ausführungen. Viele sehr vorbildliche H0- und TT-Weichen gibt es bei Tillig, Peco hat ein breit gefächertes Programm in H0 und N und bedient auch Großspurbahner.
Die wichtigsten Weichenformen in der Übersicht, Vor- und Nachteile werden gleich mitgenannt. Generell achtet man auf die Polarisiermöglichkeit (Gleichstrombahner), Kreuzungs- und Dreiwegweichen bleiben fahrtechnisch problematisch und werden nicht von allen Fahrzeugen unterbrechungsfrei bewältigt.

Weichentyp	Einsatz auf der Modellbahn	Zu bedenken
Einfache Weichen	überall, in Hauptgleisen große Weichenwinkel, auf Nebengleisen eher steilere üblich	Gleichstrombahner achten generell auf polarisierbare Herzstücke, möglichste kleine Weichenwinkel (schlanke Ausführungen wirken vorbildgerechter)
Bogenweichen	dienen in erster Linie um Nutzlänge durch im Bogen verlegten Einfahrten zu gewinnen	Fahrtechnische Zuverlässigkeit durch ausgiebige Probefahrten ermitteln
Einfache Kreuzungsweiche (EKW)	Raum sparende Verknüpfung von Gleisen, betriebstechnisch interessant, weil zu Rangiermanövern zwingend	Stromführungs- und betriebstechnisch weniger problematisch als DKW
Doppelte Kreuzungsweichen (DKW)	bringen Nutzlängengewinn durch Raum sparende Verknüpfung mehrere Gleise, typisch für Epoche II	Stromführungs- und betriebstechnisch problematisch (kleine Fahrzeuge!), fahrtechnische Zuverlässigkeit für die eingesetzten Fahrzeuge durch ausgiebige Probefahrten ermitteln
Kreuzung	Empfehlenswert zum Nutzlängengewinn vor allem in der Ortsgüteranlage	Stromführungs- und betriebstechnisch weniger problematisch als DKW, Zuverlässigkeit für die eingesetzten Fahrzeuge durch ausgiebige Probefahrten ermitteln
Dreiwegweichen	In Hauptgleisen, außer bei Nebenbahnhöfen, nicht üblich; in erster Linie für Harfengleise bei Industriebahnen oder Rangierbahnhöfen	Stromführungs- und betriebstechnisch problematisch (kleine Fahrzeuge!), fahrtechnische Zuverlässigkeit für die eingesetzten Fahrzeuge durch ausgiebige Probefahrten ermitteln
Y-Weiche	bei stark auseinanderstrebenden Gleisen verwendet	im Angebot bei Tillig und Peco
Doppelte Gleisverbindung (DGV)	stark Raum sparende Gleiswechselmöglichkeit	Stromführungs- und betriebstechnisch problematisch (kleine Fahrzeuge!), fahrtechnische Zuverlässigkeit für die eingesetzten Fahrzeuge durch ausgiebige Probefahrten ermitteln

Tipp

Kaum ist der Bahnhofsplan entworfen, geht es ans Ausprobieren. Das aber nicht realiter, sondern auf dem Plan. Die Frage ist nun, was passt noch an den Hausbahnsteig? Man kann natürlich die Längen der einzelnen Gleise zusammenzählen oder schlicht messen. Dieses Vorgehen lässt aber ein wichtiges Kriterium unberücksichtigt: Das der optischen Wirkung.
Wie also wirkt der geplante Zug am Hausbahnsteig? Ganz leicht überprüfen lässt sich das mittels PC-Planungsprogramm, wie in der Bilderleiste zu sehen. Dort gibt es die Möglichkeit einen Zug am frisch entworfenen Bahnsteig aufzustellen und die Wirkung des Gesamtbilds zu überprüfen: Wirkt das gedrängt oder sieht es gut aus?
Modellbahnplaner ohne PC behelfen sich folgendermaßen: Da der Maßstab ihrer Gleisplanzeichnung bekannt ist, gilt es jetzt maßstabsgerecht »Züge« auf dem Plan zu platzieren. Der in Frage kommende Zug wird dabei Wagen um Wagen auf den Plan gestellt. Dazu fertigt man

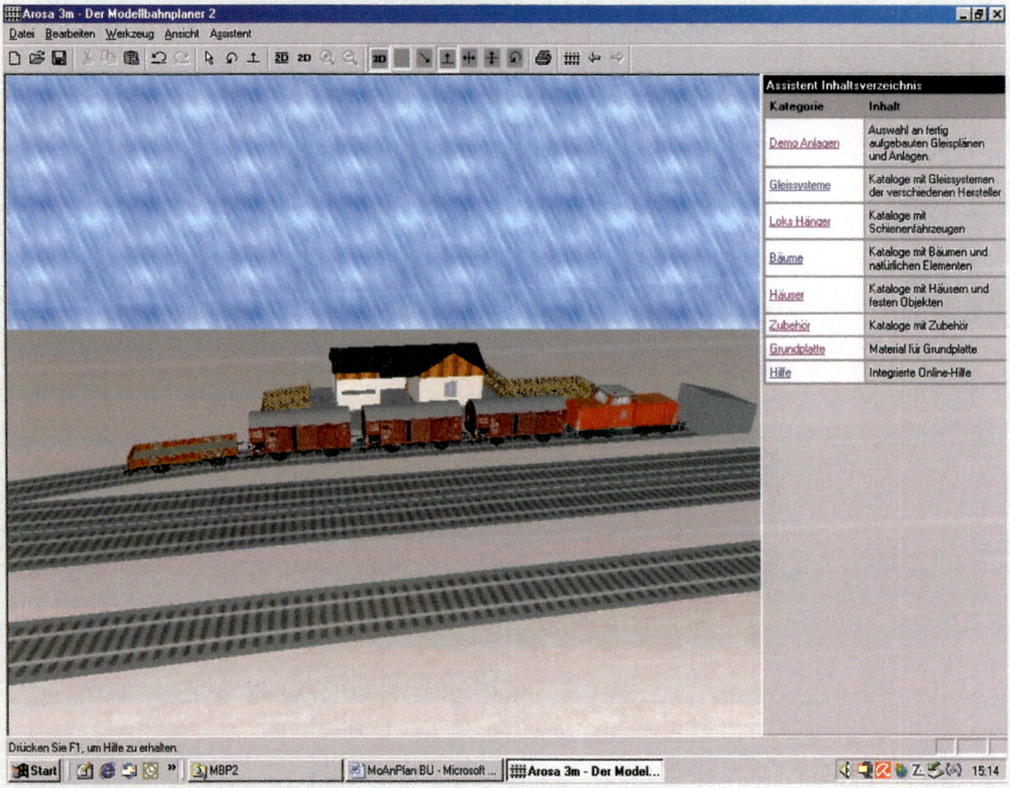

Ein Zug am frisch gezeichneten Bahnhof; passen die Proportionen?

sich aus Papier maßstabsgerecht die Umrisse der vorgesehenen Fahrzeuge an. Ganz genau plant, wer auch noch Grenzzeichen vorsieht.
Leicht ist zu erkennen, welche Epoche und welche zu ihr passende Zugkomposition auf dem zur Verfügung stehenden Platz gut wirkt und welche nicht. Gut wirkt eben, was am Hausbahnsteig großzügig wirkt, schlecht ist, wenn der erste Wagen noch auf der Einfahrweiche steht, während die Zuglok schon jenseits des Grenzzeichens auf die Weiterfahrt wartet.
Also: Gerade wer wenig Platz hat, ist mit einem Motiv aus früheren Bahnzeiten, als es noch ganz kurze Güter- und Personenwagen gab, besser bedient, als mit einem modernen Motiv. Zwar fährt heute mancherorts noch die 365, wie sie inzwischen heißt, aber kurze Güterwagen sucht man vergebens. Das sieht dann bei entsprechender Platzdisposition gequetscht und damit unecht aus, der Frust ist vorprogrammiert.

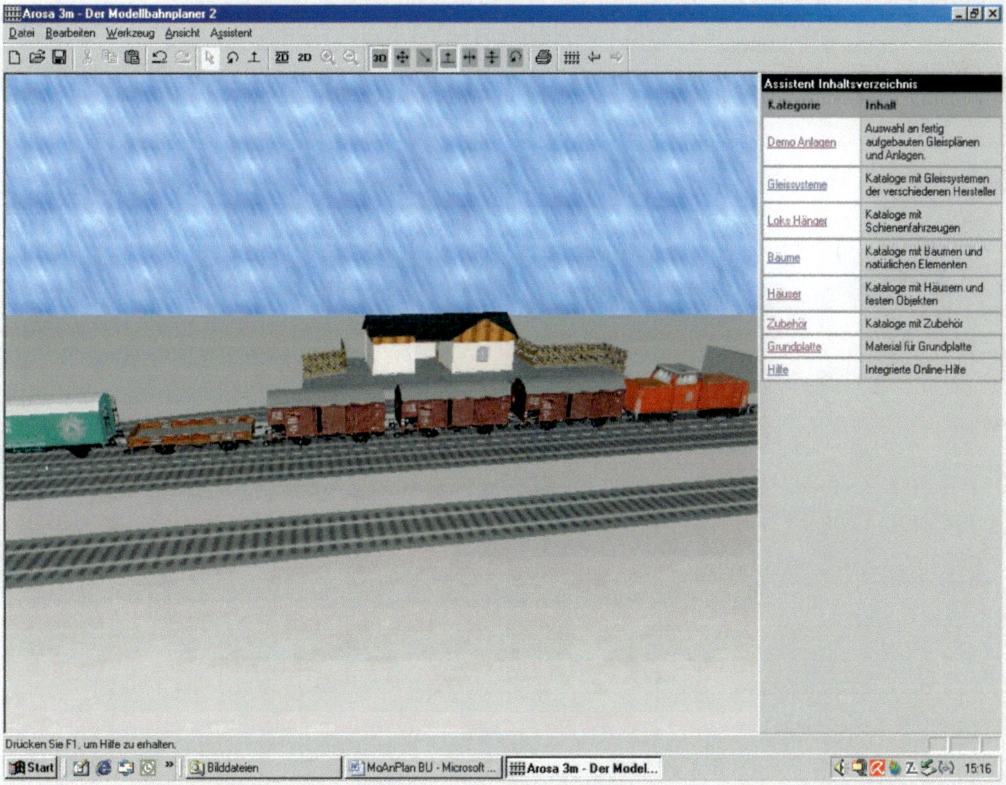

Hier stimmt was nicht: Der Zug ist eindeutig zu lang für den Bahnsteig.

5.1.3. Zwischengeraden

Was muss bei Weichen vor der Planung noch beachtet werden? Im Hinblick auf einen störungsfreien Betrieb müssen aufeinanderfolgende Gleisbögen wie beim Vorbild durch einen Zwischengerade verbunden sein. Gerade bei den Maßstäben kleiner als Baugröße 0 stellen die geringen Fahrzeuggewichte nämlich ein Problem dar: Verzichtet der Modellbahner auf die Zwischengerade hebelt es u. U. einen oder gleich mehrere Waggons aus den Gleisen.

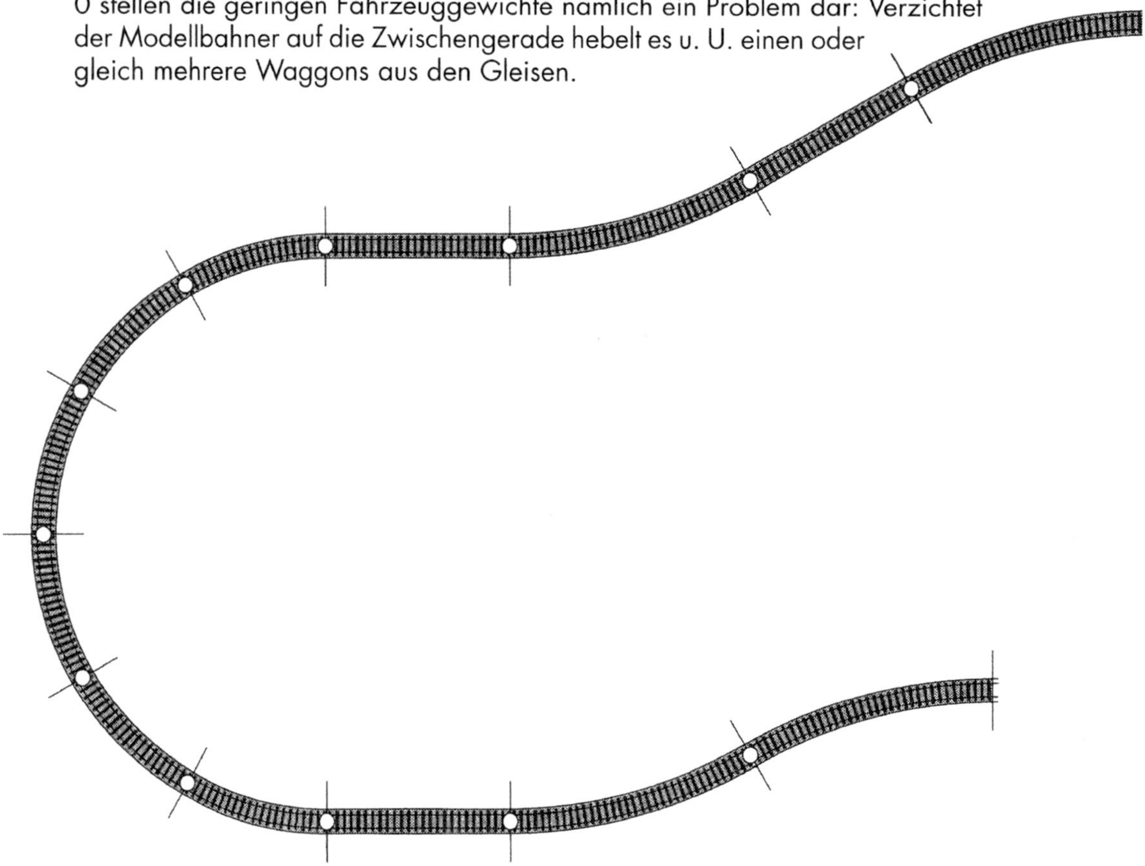

Eine Zwischengerade in der zeichnerischen Darstellung (oben) und unten das Gleisensemble ohne Zwischengerade – man kann sich das Knirschen der darüber rumpelnden Fahrzeuge gut vorstellen.

Bei höherem Zuggewicht tritt dieser Umstand etwas zurück, doch vorbildwidrig bleibt es allemal, von der unschönen Optik eines durch eine enge S-Kurve schlingernden Zugs mal ganz zu schweigen; zudem versetzt eine solche Gleisfigur die Wagenenden langer D-Zug-Wagen extrem gegeneinander.

Zwischen Weichen sind Zwischengeraden – siehe Skizze – nicht notwendig.

Es ist auch davon abzuraten, allzu viele Weichen direkt hintereinander ohne Zwischengeraden zu bauen. Modellweichen sind immer lauftechnische Hindernisse, im ungünstigsten Fall kann ein Zug auf komplexen Weichenstraßen ohne ab und an eingebaute Zwischengerade zumindest lauftechnisch stark abgebremst werden, allerdings sind Entgleisungen natürlich auch möglich. Daher immer wieder mal eine Zwischengerade vorsehen, das belebt das Gleisbild, beugt allzu großer Uniformität der Gleisanlagen vor und sorgt für geschmeidigeren Lauf der Fahrzeuge.

5.1.4. Fahrtechnische Sorgenkinder

Während Entkupplungsgleise oder die sogenannten Eingleiser unproblematisch zu befahren sind, stellen bestimmte Weichenbauformen schon eher Hindernisse dar, allen voran die Doppelkreuzweichen (DKW).

Eine DKW, hier des Roco-Line-Systems. Die Weiche musste fahrtechnisch optimiert werden, da kleine Loks trotz Herzstückpolarisierung immer wieder mal Probleme haben. Schwach zu erkennen sind die Lötpunkte an den Profilen, über die die Stromversorgung der einzelnen Gleisabschnitte der Weiche mittels dünnen Drähtchen verbessert wurde.

Woran liegt das? DKW, Einfache Kreuzungsweichen (EKW) und Kreuzungen besitzen vier Herzstücke, an denen sich die Gleisstränge kreuzen. Zwei davon sind Doppelherzstücke, die konstruktionsbedingt (im Modell führen durch sie Gleisstränge wechselnder Polarität) eine Lücke aufweisen, in der der Radsatz keine Führung mehr besitzt.
D. h., dass dort eine Entgleisung möglich, wenngleich unwahrscheinlich ist, moderne Modell-DKW und -EKW sowie -Kreuzungen sind weitgehend betriebssicher. Jedenfalls werden manche Fahrzeuge (auch solche mit NEM-Radsätzen) beim Überfahren der Herzstücke erheblich schwanken. (Die Probleme hat auch das große Vorbild, daher wurden die Kreuzungsweichen in den 50er-Jahren nach und nach ausgebaut und durch Einfache Weichen ersetzt.)
Hinzu kommt, dass die Stromführung bei Kreuzungsweichen immer, nicht nur bei Gleichstromanlagen, problematisch ist. V. a. kleinere Lokomotiven mit kurzen Radstand und wenigen Stromabnahmepunkten neigen beim Befahren solcher Stellen zum Stehenbleiben (auch bei Wechselstromanlagen).
Der große Vorzug von Kreuzungsweichen ist die Platzersparnis, die sich durch ihren Einsatz erzielen lässt.

218 292 befährt vor einem Kieszug am 10.9.1990 eine DKW bei Schwackenreute. Leider nicht ganz im Bild, aber am unteren Bildrand zu erkennen: Die DKW besitzt drei Abgänge! Das gibt es (zum Glück) noch nicht im Modellbahnbereich. Foto: Uli Ruopp

Wie leicht vorstellbar, lassen sich DKW leicht ersetzen, aber um den Preis des größeren Längenbedarfs. Denn zwischen den beiden Einfachweichen, die sozusagen »Rücken an Rücken« liegend die DKW ersetzen, sollte aus fahrtechnischen Gründen eine Zwischengerade vorgesehen werden.

Bogenweichen

Diese Weichenbauform (»radial verlaufende Weiche im Gleisbogen«) ist beliebt, weil sich mit ihr auf elegante Weise Nutzlänge gewinnen lässt. Doch einfach nur so eingebaut, ergibt sich nicht zwangsläufig ein optisch harmonisches Bild.
Was da schief gehen kann, zeigt die Bilderleiste: Die Bogenweichen sind irgendwie ohne Bedacht zusammengesteckt und nach dem Motto »Hauptsache es passt« eingebaut worden. Das unbefriedigende Ergebnis: Die Einfahrt sieht »krumm« und absolut vorbildwidrig aus,

von harmonischer Streckenführung keine Spur.
Wenn die Bogenweichen so eingesetzt werden, dass ihre Außenbögen näherungsweise einem Übergangsbogen folgen, stellt sich eine ganz andere Optik ein, wie die Skizze zeigt.
Auch wenn das Vorbild eine Einfahrt nicht in solch einem engen Bogen gestalten würde – aber da sind die Dimensionen ja auch andere als auf der Modellbahn – lässt sich die Gedrungenheit solch einer Einfahrt entweder durch die Verwendung sehr großzügig dimensionierter Bogenweichen »entspannen«. Oder man »tarnt« die Einfahrt etwas, indem man mehrere Stumpfgleise im Einfahrtsbereich nicht stur gerade verlaufen lässt, sondern an den Radius der Einfahrt anpasst, sie gewissermaßen parallel zur Einfahrt baut (siehe Skizze).
Hinzu kommt, dass die Industrie meist nur sehr enge Bogenweichenradien wie R2 (z. B. Roco: 358 mm) und R3 (419,6 mm) anbietet. Optisch interessant wird es ab den Radien 5 (542,8 mm) und 6 (604,4 mm), oder gar R9 (826,4 mm) und R10 (888 mm).

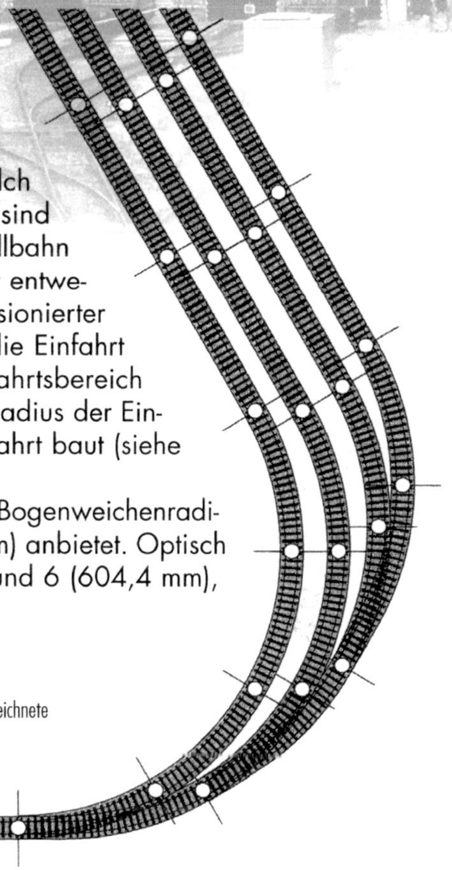

Wohl kaum nach fahrtechnischen, geschweige denn ästhetischen Grundsätzen gezeichnete Bogenweichen-Einfahr-Straße. Das Ensemble wirkt »krumm« und viel zu eng.

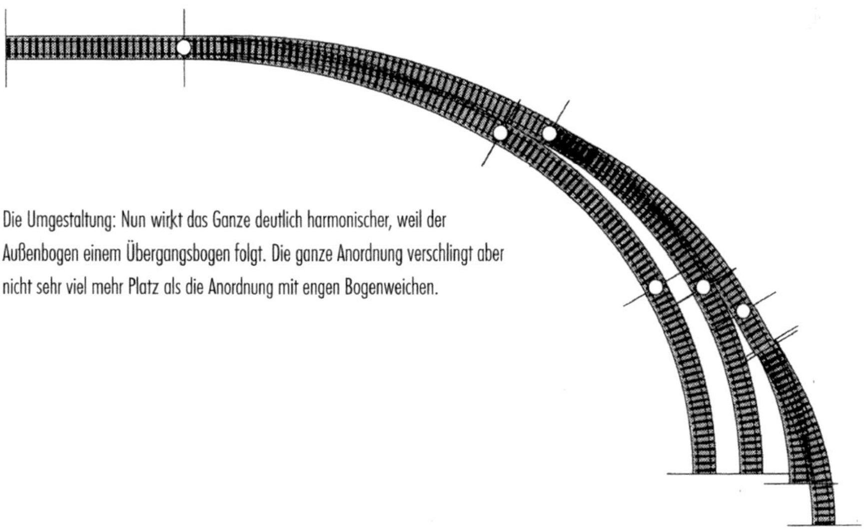

Die Umgestaltung: Nun wirkt das Ganze deutlich harmonischer, weil der Außenbogen einem Übergangsbogen folgt. Die ganze Anordnung verschlingt aber nicht sehr viel mehr Platz als die Anordnung mit engen Bogenweichen.

5.1.5. Steigerung der Nutzlänge

Auf welche Weise kann die Nutzlänge noch gesteigert werden? Vor allem in der modelbahnerischen Steinzeit wurden Bahnhöfe gern in der Diagonalen angelegt. Das brachte zum einen auf einfache Weise Nutzlänge, zum anderen aber entrückte es zumindest einen Teil des Geschehens optisch nach hinten, weg jedenfalls vom Modellbahner. Heute will der Modellbahner mit der Nase direkt beim Geschehen sein, er will keinen Bahnhof irgendwo ganz hinten in der Ecke. Denn nur so sind die Details der Fahrzeuge zu genießen, nur so kann wie beim Vorbild von Hand eingekuppelt und getrennt werden, und man ist immer mit der Nase vor Ort – Eisenbahnatmosphäre eben.

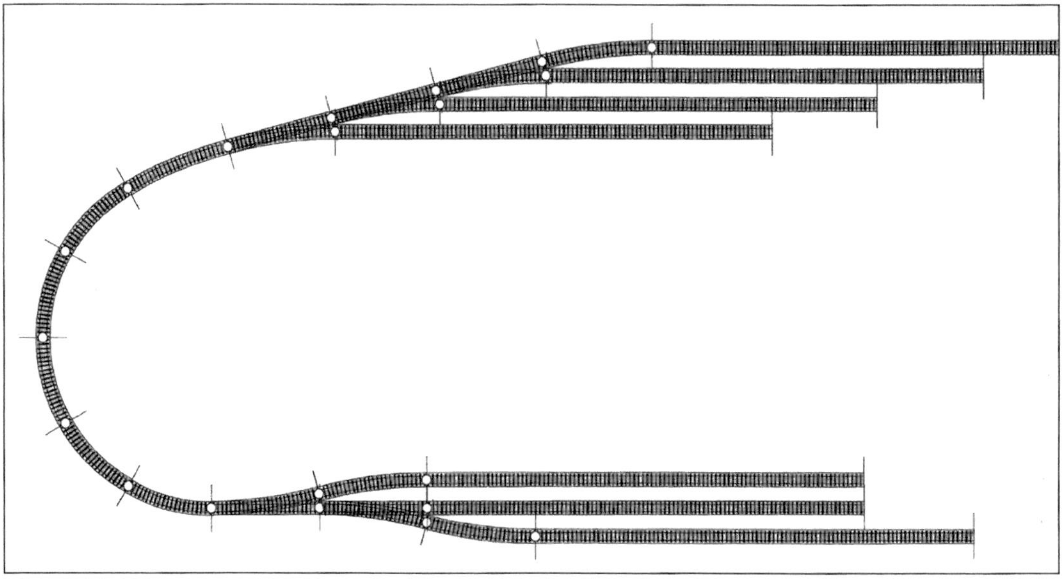

Anlage eines Bahnhofs in der Diagonale (oben): Wie man erkennt, lässt sich auf diese Weise leicht – etwas – Nutzlänge gewinnen.

Die Diagonale hat heute viel von ihrer einstigen strengen Gleisführung verloren, wie es aussehen kann, zeigt die Bilderleiste. So könnte eine Bahnhofseinfahrt z. B. in weitem Bogen über Eck angelegt sein oder der Bahnhof gar ein U bilden – alles bringt Nutzlänge und sieht vorbildgetreuer aus als eine strikt diagonal verlegte Strecke.
Solche Bahnhöfe sehen sicher vorbildlicher aus, als so mancher in Gleisplanbroschüren als beispielhaft bezeichneter Bahnhof. Wer die Bögen aber zu eng macht, riskiert die problemlose Kuppelmöglichkeit der Fahrzeuge. Denn die bei kleineren Baugrößen verbreiteten Kupplungssysteme lassen sich in Kurven nicht miteinander verbinden – das ist gerade im Bahnhof, wo ja viel rangiert werden soll, geradezu katastrophal. Es sei denn, man kuppelt prinzipiell von Hand oder verlegt sich auf ein Fahrmotiv ganz ohne Rangiererei.
Am besten sieht ein Bahnhof aus, der mit einem »leichten Schwung« verlegt wird, geradeso wie im Beispiel zu sehen. D. h., dessen Gleisstränge in einem leichten Bogen verlegt sind. Das bringt auf elegante Weise Nutzlänge, bedingt aber den Einsatz sehr großer Radien oder praktischerweise den Einsatz von Flexgleis. Mancher, der noch keine Erfahrung damit hat, mag vorschnell zurückschrecken, aber der wesentlich vorbildgerechtere Eindruck solcher Gleisanlagen macht die Mühen des Flexgleisverlegens und Einschotterns mehr als wett.
Und noch ein Vorteil: Solche geschwungen verlegte Gleise lassen den Eindruck viel zu kurzer Bahnhöfe erst gar nicht aufkommen. Auch das Bahnhofsumfeld trägt übrigens entscheidend

Das ist der gewünschte »Schwung«, der die Gleisanlagen vorbildgetreu wirken lässt. 612 507/506 verlässt im Juni 1996 den Bahnhof Blaubeuren an der württembergischen Donaubahn. Foto: Uli Ruopp

dazu bei, alles ein bisschen großzügiger wirken zu lassen, als es tatsächlich ist. Daher legt man die Straßen, Plätze, Gebäudefluchten nicht parallel zur Anlagenkante oder den Gleisen, sondern immer etwas schräg dazu an – es wirkt einfach besser.

5.1.6. Optimale Wirkung

Wie wirkt ein Bahnhof am besten? Nutzer einer Gleisplanungssoftware (siehe dort) haben es leicht: Sie können den ganzen Bahnhof mitsamt Gleisen als ganzes in der Horizontalen drehen und solange probieren, bis sich ein harmonisches Bild ergibt.
Alle, die von Hand planen, gehen anders vor: Der fertige Bahnhofsgleisplan wird ausgeschnitten und auf die im selben Maßstab verkleinerte Umrisszeichnung der Anlagenform (Rechteck oder Über-Eck-Anlage etc.) gelegt. Man dreht dann den Bahnhof solange, bis sich ein harmonisch wirkendes Bild ergibt. Danach wird der Bahnhof dann gebaut.

Hier hat der Modellbahner versucht, mit Flexgleisen den vorbildgetreuen Schwung auf die heimische Anlage zu bringen. Optisch gelungen, oder?

5.2. Gleispläne

Warum liegen Weichen im Bahnhof so und nicht anders? Wie platziere ich meine Weichen am besten? Das sind Fragen, mit denen der Modellbahnplaner immer wieder konfrontiert wird.
Viele Weichen zu besitzen und zu betreiben ist nicht unbedingt erstrebenswert, viel besser ist es, diese auch sinnvoll anzuordnen. Eine eindrucksvolle Weichenstraße kostet zunächst einmal viel Geld, aber bringt sie auch die Investition in Form von Betriebsfreude zurück?
Generell erfolgen beim Vorbild Einfahrten in das durchgehende Hauptgleis des Bahnhofs nicht über abzweigende Gleisstränge, im Modell lässt sich das aber nicht so leicht umsetzen, die Nutzlänge macht uns einen Strich durch die Rechnung. In der Diagonalen angelegte Einfahrten bringen Nutzlänge, aber um den Preis der vorbildwidrigen Einfahrt ins Hauptgleis über den Abzweig einer Weiche. Bei einer diagonalen Einfahrt macht auch der seitliche Versatz der Fahrzeuge – optischen – Kummer.
Das Vorbild sucht den größtmöglichen Nutzen mit dem kleinstmöglichen Aufwand zu erreichen. Wie langweilig! Dennoch sollte man seine Weichenverbindungen genau prüfen: Ist die Verbindung nicht überflüssig?

Daher stellt jeder Gleisplan für die Modellbahn ein Kompromiss dar aus möglichst hoher verkehrstechnischer Vorbildtreue, größtmöglichem Rangier- und Fahraufwand zur Erledigung der Verkehrsaufgaben, sicherheitstechnischen Überlegungen und modellbauerischen Rücksichten. Bei kleineren Bahnhöfen dienen Weichen in erster Linie dazu, den Güterverkehr abzuwickeln. Über sie sind Güterschuppen, Lagerhaus und Stückgutrampe angeschlossen.

In einer weiteren Ausbaustufe wird ein Überhol- bzw. Kreuzungsgleis daraus, über das eine Überholung (auch der Lok alleine, z. B. zum Umspannen für die Heimfahrt) oder Kreuzung (mit einem entgegenkommenden Zug) im Bahnhof abgewickelt werden kann. Dort kann auch mal ein Güterzug mit Rangieraufenthalt, z. B. ein Nahgüterzug Ng, rangieren und einzelnen Wagen abstellen.
Eingleisige Bahnhöfe sind während der Zeit des Umsetzens oder Rangierens für den Durchgangsverkehr gesperrt oder können nur durchgeführt werden, wenn kein Durchgangsverkehr erwartet wird.

5.3. Bahnhofstypen

Das Vorbild kennt eine Vielzahl unterschiedlichster Bahnhofstypen, von denen nur ein Bruchteil für den Modellbahnerinteressant sein dürfte. Sie sollen hier kurz vorgestellt werden.

5.3.1.Sonderform: Schattenbahnhof

Auch bei dem abschnittsweisen Bau einer Modellbahn oder dem Bau einer ausbaufähigen Anlage sind verdeckte Schattenbahnhöfe, wie die Zugspeicher für einen abwechslungsreichen Betrieb heißen, empfehlenswert.
Sie gestatten es die Oberwelt mit immer neuen Zügen zu beschicken, sodass das Verkehrsaufkommen auf einfache Weise gesteigert werden kann. Sie ermöglichen die Abstellung und den Wechsel von ganzen Zügen im nicht sichtbaren Bereich. Durch den unsichtbaren

Austausch von Zügen wird der Modellbahn für den Betrachter auch über eine längere Zeit interessant bleiben.
Und noch ein weiteres: Für den Betrachter wird die Modelleisenbahn interessant, wenn der komplette Gleisplan und der komplette Fahrzeugpark nicht auf einen Blick sichtbar ist. Bei der Planung von Schattenbahnhöfen ist zu beachten, dass das kürzeste Ausweichgleis die Länge des längsten Zuges bestimmt. Aus diesem Grund sollten die Gleise im Schattenbahnhof möglichst lang sein, im Sinne einer universellen Verwendbarkeit aller Schattenbahnhofsgleise sollten sie gleich lang sein. Einige mögliche Formen werden im Schaubild vorgestellt.
Schattenbahnhöfe baut der vorausschauende Modellbahner so ein, dass er jederzeit Zugriff hat, also nicht im hintersten verwinkelten Eckchen.

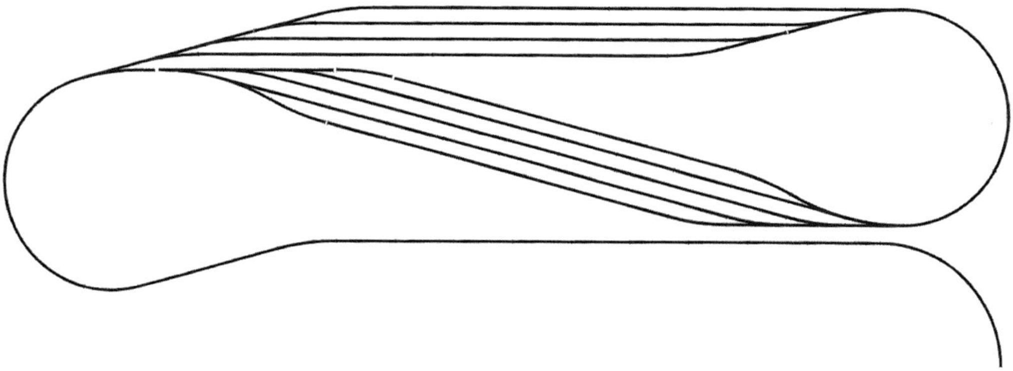

Ein schon recht großer Schattenbahnhof mit Kehrschleife. Man sollte aber darauf achten, dass die Ein- und Ausfahrtgleise immer in Reichweite des Modellbahners liegen, um bei Betriebsstörungen immer rasch eingreifen zu können

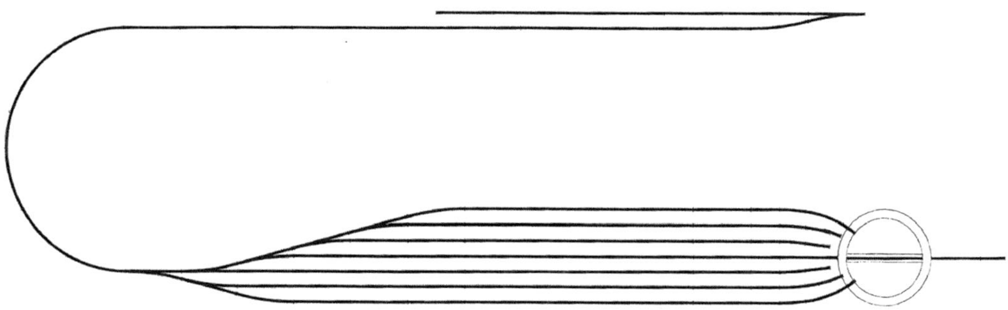

Dieser Schattenbahnhof wird weiter unten auch im Bild vorgestellt. Die Drehscheibe dient als »Vielfachweiche«, um das Umsetzen der abgekuppelten Triebfahrzeuge auf geringstem Raum durchführen zu können. Auch hier gilt, der Schattenbahnhof muss in der Reichweite des Modellbahners sein.

5.3.2. Bahnhofsformen – allgemein

Die Gleisentwicklung im Bahnhof ist abhängig von den vorgesehenen Verkehrsaufgaben wie Zug- und Rangierfahrten, Bilden und Auflösen von Zügen, Bespannen von Zügen sowie das Bespannen der Züge und Rangierabteilungen. Ehe man an das Entwerfen eines Bahnhofgleisplans geht, macht man sich also Gedanken über die Bestimmung des zukünftigen Anlagenmittelpunkts. Bahnhöfe werden nach ihren Aufgaben, aber auch nach ihrer Form unterschieden. Wenden wir uns zuerst der Einteilung nach Aufgaben zu.

5.3.2.1. Personenbahnhöfe

Zunächst wird nach Bahnhöfen für Personen- und solche für Güterbeförderung unterschieden. Es gibt im Prinzip nur eine Art von Personenbahnhof, nämlich der, der dem Verkehr der Reisenden und ihres Gepäcks dient. Freilich gibt es unterschiedlich dimensionierte Ausführungen, es sind aber alles nur Personenbahnhöfe.
Der Hauptstreckenbahnhof sieht alle möglichen Reisezuggattungen vom Fernschnellzug und Personenzug bis zum Nahverkehrszug und Lokalbahnzüglein. Auch hier gilt, wer es vorbildähnlich machen will, greift zu einem kleineren Motiv, das sich verkehrstechnisch eher bewältigen und modellbauerisch leichter durchgestalten lässt – auch der Preis spielt ja immer eine Rolle. Lieber etwas Kleines, Feines, das irgendwann mal fertig wird, als der unvollendete Megacity-Bahnhof.
In gewissem Sinn fallen auch die Abstellbahnhöfe unter diese Gruppe, obwohl sie für den Modellbahner eher von untergeordnetem Interesse sind. Auf ihnen werden Reisezuggarnituren abgestellt und ggf. gereinigt und für den Neueinsatz vorbereitet.

5.3.2.2. Güterbahnhöfe

Die zweite Gruppe umfasst sämtliche Bahnhöfe, die dem Gütertransport dienen. Diese Gruppe wird aber noch weiter unterteilt: Der auch für den Modellbahner wichtigste Typ dürfte der Ortsgüterbahnhof zur Abwicklung des gesamten Güterverkehrs eines Bahnhofs sein. Auf kleineren Bahnhöfen befindet er sich direkt neben dem Personenbahnhof, je größer die Stationen werden, umso weiter rücken diese Stationen auseinander. Während es auf kleineren Bahnhöfen durchaus üblich ist, Personen- und Güterwagen durcheinander zu rangieren, wird der Verkehr auf größeren Stationen strikt getrennt. Daher bedingen große Stationen verkehrstechnisch wie optisch getrennte Bahnhofsanlagen.
Für den Modellbahner mit durchschnittlichem Platzangebot sind die Rangierbahnhöfe aufgrund ihrer Längenausdehnung nicht unbedingt zu empfehlen, obwohl sie betrieblich recht interessant wären. Auf ihnen werden Güterzüge aufgelöst, umgestellt und dabei neu gebildet.
Mindesten ebenso interessant sind Industriebahnhöfe, auf denen der Werksverkehr eines Unternehmens abgewickelt wird. Denkbar ist eine Reihe von Spezialunternehmen mit entsprechendem Güterverkehr. Die hergestellten/verarbeiteten Güter und die Anlieferung von Rohwaren bedingen eine Reihe von Spezialgüterwagen, sodass das Erscheinungsbild der Fahrzeuge vielgestaltig gehalten werden kann.
Auf Hafenbahnhöfen findet der Güterumschlag zwischen Schiff einerseits und Schienen/Straße andererseits statt. Das kann ein spannendes Motiv sein, obgleich der Bau eines maßstäblichen Containerschiffs nicht jedermanns Sache ist. Solch ein Motiv verträgt auch noch die Aufstellung eines Containerkrans, ohne überladen zu wirken.

Ein kleinerer Bahnhof, auf dem – vorbildgerecht – bunt durcheinander rangiert wird. Foto: Jochen Frickel

Diese Aufnahme zeigt ein Beispiel für eine Industriebahn mit umfangreichem Rangierverkehr. Foto: Jochen Frickel

Auf einer solchen Industriebahn lassen sich bunte Fahrzeuggarnituren einsetzen. Foto: Jochen Frickel

Soviel zu den Haupttypen der Bahnhöfe. Die weitere Unterscheidung betrifft die Funktion eines Bahnhofs in Bezug auf die ihm zugehörige Strecke. Er kann Anfangs- oder Endstation einer Strecke sein, liegt er zwischen anderen Bahnhöfen fungiert er als Zwischenbahnhof (vgl. Skizzen). Anfangs- und Endstationen sind in Kopfform angelegt, d. h. die Gleise enden stumpf am oder vor dem Bahnhofsgebäude.

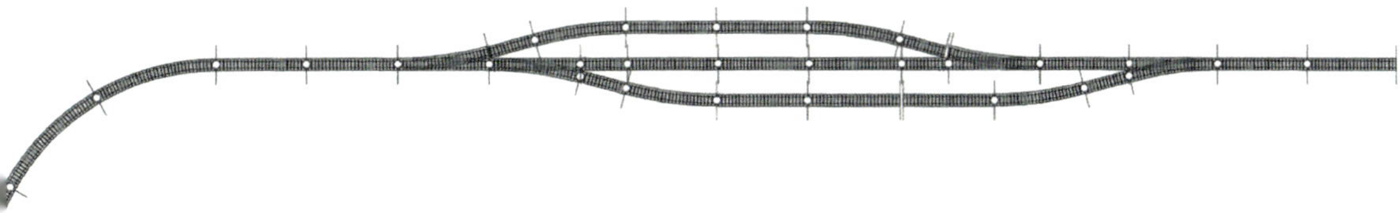

Diese Gleisform ist als Endbahnhof (mit stumpf endenden Gleisen) und als Zwischenbahnhof (mit weiterführenden Gleisen) verwendbar.

5.3.2.3. Sonderformen

Betrieblich interessante Sonderformen sind der Anschluss- und Trennungsbahnhof. Beim Anschlussbahnhof zweigen von der durch den Bahnhof hindurchführenden Stammstrecke Zweiglinien ab. In der Regel ist es so, dass nur einige Wagen dort abgezweigt werden, die, z. B., einen Anschließer (Brauerei, Maschinenfabrik etc.) bedienen. Eine Sonderform wäre der Spurwechselbahnhof, in dem von der Vollbahn auf die Schmalspurbahn gewechselt wird. Auch das ist Anlass für spannende Rangiermanöver.

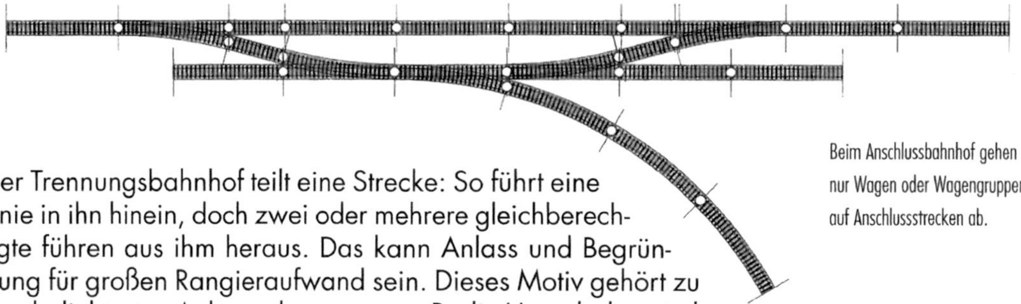

Beim Anschlussbahnhof gehen nur Wagen oder Wagengruppen auf Anschlussstrecken ab.

Der Trennungsbahnhof teilt eine Strecke: So führt eine Linie in ihn hinein, doch zwei oder mehrere gleichberechtigte führen aus ihm heraus. Das kann Anlass und Begründung für großen Rangieraufwand sein. Dieses Motiv gehört zu den beliebtesten Anlagenthemen, so z. B. die Hauptbahn mit der abzweigenden Nebenbahn.

Zwei gleichwertige Strecken kreuzen sich im Kreuzungsbahnhof, der zumindest im Modell kaum vom Trennungsbahnhof unterschieden wird. Aufgrund ihres hohen Platzbedarfs dürften Turmbahnhöfe, bei denen sich zwei Strecken in unterschiedlichen Ebenen kreuzen, eher selten sein.

5.4. Bahnhofsentwurf

Wie entwerfe ich meinen Bahnhof?

Die Entscheidung für einen Bahnhofstyp kann niemand dem Modellbahner abnehmen. Betrieb ermöglichen alle, es kommt eben auf die persönlichen Vorlieben an. Will ich edle Schnellzuggarnituren fahren sehen oder liebe ich kleine Lokalbahnzüge? Will ich viel rangieren oder doch lieber nur viel fahren? Oder bin ich gar ein Lokfreund, dem es reicht, die Loks im Bw zu versorgen?

Einige Faustregeln sollen bei der Entscheidung für einen Bahnhofstyp weiterhelfen:

- den meisten Betrieb erreicht man mit einem Kopfbahnhof, weil neben dem üblichen Rangieraufwand hier auch noch ein Lokwechsel hinzukommt
- den meisten Fahrspaß hat man mit einem Fahrmotiv möglichst ohne sichtbaren Bahnhof, aber mit Schattenbahnhof
- Hauptstreckengarnituren wirken innerhalb eines Fahrmotivs ohne Bahnhof am meisten glaubhaft
- Freunde des Details bauen einen kleinen, dafür aber hoch detaillierten Bahnhof
- umfangreicher Güterverkehr muss durch entsprechende Bauten (Industrie, Güterbahnhof) motiviert werden
- der Ganzzug aus Oot-Wagen auf dem Lokalbahnhof führt zum Frust, lange Güterzüge sind etwas für Fahrmotive

Ein modernes Bahnbetriebswerk der Deutsche Bahn AG heißt heutzutage Betriebshof (Bh). Es ist das Lieblingsmotiv der Lokfreunde unter den Anlagenbauern.
Foto: Jochen Frickel

5.4.1. Tipps für den Entwurf

Es gibt im Modellbahnbereich eine Reihe fahrtechnisch problematischer Gleisfiguren, die in Rücksicht auf einen störungsfreien Betrieb nicht verwirklicht werden sollten. Die Themen Übergangsbogen und Zwischengerade wurden bereits weiter oben angesprochen.

Für viele Modellbahnfahrzeuge sind direkt Rücken an Rücken liegende Weichen schwierig zu meistern. Es genügen kleine Unebenheiten und schon entgleist ein Radsatz. Besser ist es daher generell eine Zwischengerade, die ruhig kurz sein kann (H0 z. B. 4-5 cm), einzuplanen. Sie sorgt für eine »Beruhigung« des Fahrwerks beim unruhigen Drüberrumpeln über die Weichen.

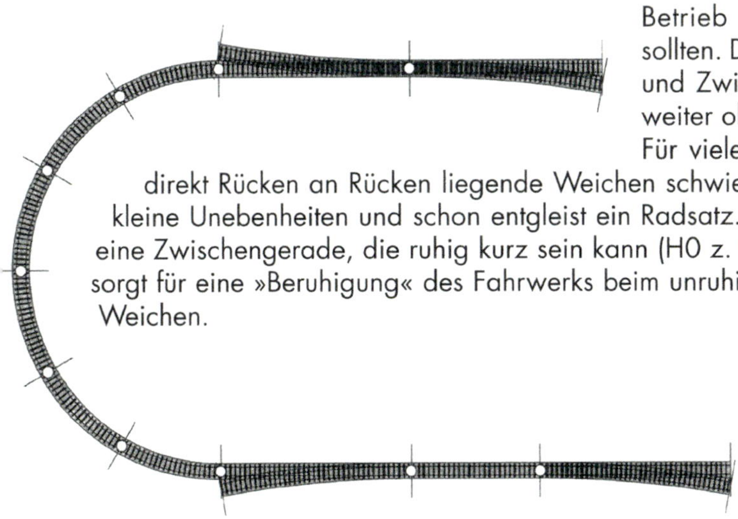

Weichen »Rücken an Rücken« in der zeichnerischen Darstellung und die »entschärfte« Version mit Zwischengerade

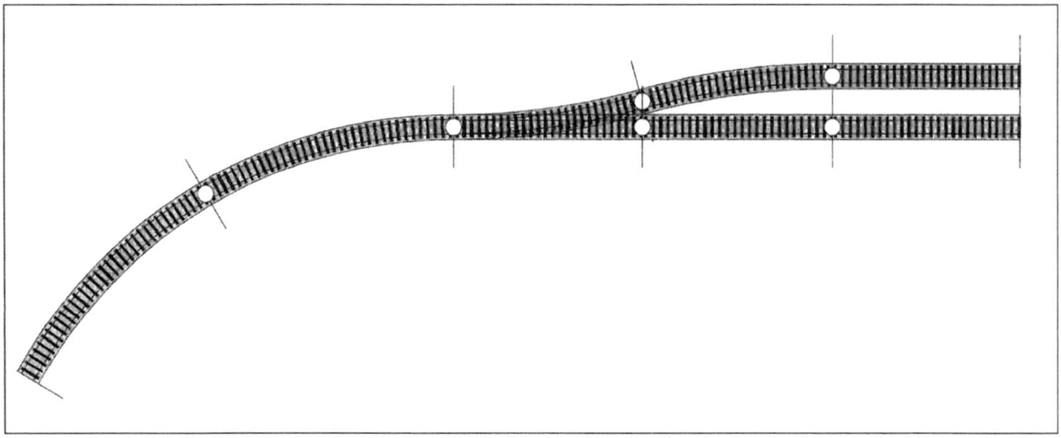

Die berüchtigte »Verschwenkung« – auch hier hört man es schon knirschen...

In Weichenstraßen sollte keine Verschwenkung (»doppelte Kurve«) eingebaut werden. Wie im Bild zu sehen, handelt es sich dabei um eine Gleisfigur, die unsinnig ist, und daher beim Vorbild nicht verwirklicht wird. Die Verschwenkung kommt dadurch zustande, dass z. B. ein rechter Bogen in eine Linksweiche mündet. Der Zug wird also in eine S-Kurve ohne Zwischengerade geführt. Das ist fahrtechnisch höchst problematisch und führt z. B. im Schattenbahnhof früher oder später zu Entgleisungen, oberirdisch sieht es nicht nur unschön aus, wenn sich lange Fahrzeuge ächzend durch eine S-Kurve zwängen; gerade lange Dampfloks kann es da mitunter aus den Gleisen heben.

5.4.1.1. Notwendigkeiten

Im Folgenden soll die Anlage des Bahnhofs in groben Zügen näher gebracht werden. Im Prinzip würde diese Thematik ein ganzes Buch füllen. Hier bescheiden wir uns aber auf Grundlagen, die zum Entwerfen eines Plans vollauf genügen.

Personenverkehr

Ein Bahnhof wird so angelegt, dass die Gleislängen die Unterbringung auch der längsten auf der Anlage vorgesehenen Züge erlauben. Mit dieser Faustregel fährt man am besten, denn die Proportionen Bahnhof/Zug bleiben passend gewahrt.

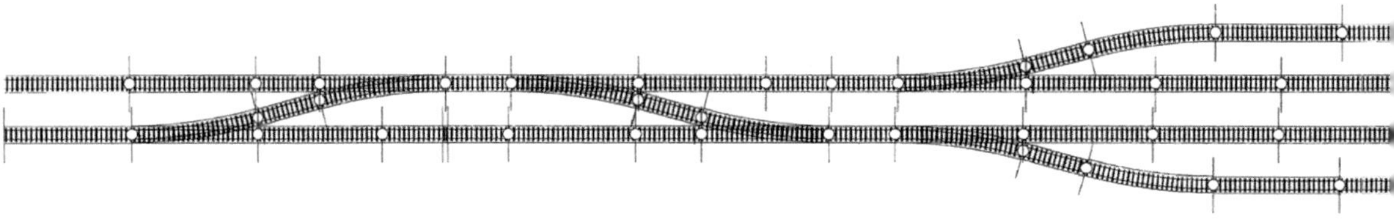

Die Einfachen Weichen liegen im Weichenvorfeld und ermöglichen dort den Gleiswechsel auf alle Gleise des Bahnhofs.

In der nächsten Stufe gilt die Aufmerksamkeit den Überholungsgleisen, die sich im Bahnhof zwangsläufig ergeben: Hier kreuzen/überholen sich nämlich Züge. Solche Überholungsgleise liegen beiderseits der Hauptgleise.
Wie in der Skizze zu sehen, ermöglichen Weichen bzw. Gleisverbindungen im Vorfeld des eigentlichen Bahnhofs die Benutzung aller Gleise, also Überholungs- wie Hauptgleise. Wenn die Überholungsgleise links und rechts des Hauptgleises/der Hauptgleise liegen, können gegenseitige betriebliche Behinderungen ausgeschlossen bzw. vermieden werden – die Züge können, ohne ihren Fahrweg zu kreuzen, ein- und ausfahren. Das gilt auch für den Fall, dass die Überholungsgleise zwischen den Hauptgleisen zu liegen kommen. Mittels weiterer Weichenverbindungen kann man die Gleisnutzung freizügiger gestalten.
Betrieblich aufwendiger ist die Lösung im darauf folgenden Bild: Nun liegen die Überholgleise ein einseitiger Lage komplett auf nur einer Seite der Hauptgleise. Dadurch sind Ein- und Ausfahrten ggf. mit Kreuzen verbunden, was für – willkommene – betriebliche Behinderungen sorgt. Flankenfahrten werden mit Schutzweichen unterbunden.

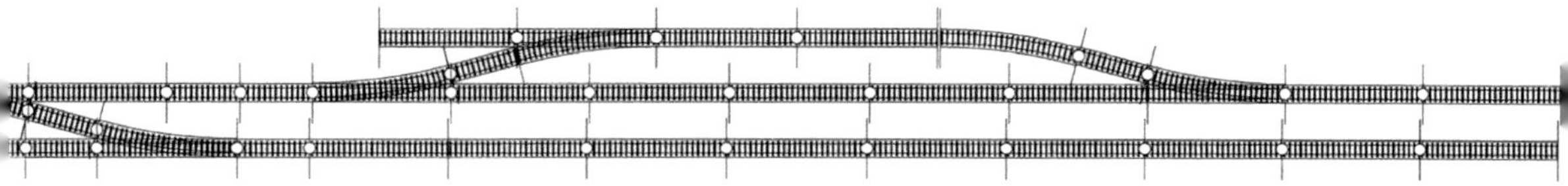

Hier liegt das Überholgleis einseitig, also auf nur einer Seite des Hauptgleises. Das bedingt u. U. das Kreuzen mit dem Hauptgleis.

Die Überholungsgleise erhalten jeweils gemeinsam mit dem durchgehenden Hauptgleis je einen Bahnsteig. Im Güterverkehr verlegt das Vorbild Überholungsgleise gern außerhalb des eigentlichen Personenbahnhofsbereichs. Auf den meisten durchschnittlich dimensionierten Bahnhofen des Modellbahnbereichs genügt ein gemeinsames Überholungsgleis für Personen- und Güterzüge, das macht das Vorbild auf ähnlich kleinen Bahnhöfen genauso.

Güterverkehr

Wenden wir uns jetzt den Güterbehandlungsanlagen zu. Die Ortsgüteranlagen unterscheiden sich im Hinblick auf die Lage zu den Reiseverkehrsanlagen. Vor allem bei den für Modellbahnzwecke bestens geeigneten kleinen Bahnhöfen ist die sogenannte Gleichlage typisch: Empfangsgebäude und Güterschuppen befinden sich in ein und demselben Gebäude vereint oder liegen direkt nebeneinander, in jedem Fall aber auf derselben Seite.
Der zweite Fall ist die sogenannte Gegenlage, wenn Bahnhofsgebäude und Ortsgüteranlage einander gegenüber liegen, getrennt durch die Gleisanlagen. Die Gleisanlagen müssen nun so entworfen werden, dass die Abfertigung der vorgesehenen Güterzüge möglich wird. D. h. es muss ein Gleis für eingehende Wagen, eines für abgefertigte Wagen vorgesehen werden. Über Ziehgleise, die lang genug sein müssen, damit auch längere Garnituren darauf passen, werden die Züge rangiert: Wagen von Eingangsgleis werden nach und nach einzeln oder in Gruppen abgezogen und den Ent-/Beladestellen zugestellt. Bei kleineren Bahnhöfen wird zu diesem Zweck über das Hauptgleis gefahren.

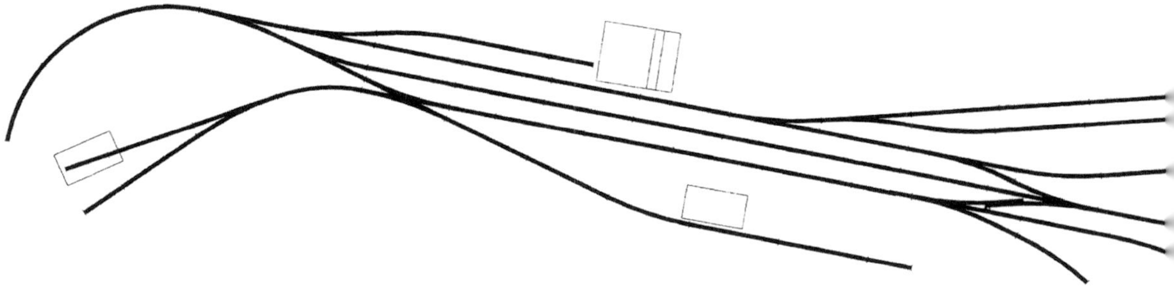

Ein Modell-Bahnhof, angelegt nach den »Erfordernissen des Vorbilds«. Man erkennt Ziehgleise, Eingangsgleis, Be- und Entladestellen, Sammelgleis, Ladestraße und Rampengleise.

Vorteilhaft ist es ein Sammelgleis vorzusehen, auf dem Wagen während des Rangiervorgangs abgestellt oder zu Gruppen zusammengeschoben »aus dem Weg« gefahren werden können. Die Garnituren werden zum Ladegeschäft vor den Güterschuppen oder das Lagerhaus gefahren. Deren Gleise sind in der Regel so lang wie das Gebäude selbst. Vor allem auf kleinen Bahnhöfen sind die Ladegleise meist stumpf endend, was das Rangiergeschäft erhöht. Wer nicht so gern rangiert, sieht einen beidseitigen Anschluss vor.
Weitere Gleise sind vorzusehen: Freiladegleise, die sogenannte Ladestraße für den Umschlag auf Straßenfahrzeuge; Überladegleise, die mittels Kran bedient werden; Rampengleise mit der Rampe in Seiten- oder Kopflage, über die z. B. Fahrzeuge verladen werden können. Gleiswaage und Lademaß erhalten eigene Gleise.

5.5. Gleisradien

Nachdem man sich für einen oder mehrere Bahnhöfe entscheiden hat, der Spurplan also feststeht, richtet sich die Aufmerksamkeit auf die Strecke. Auch Thema und Anlagenform dürften festgelegt sein. Wie geht es dann weiter?
Generell legt man die Gleisradien so großzügig wie möglich an, das kommt der Optik und der Fahrsicherheit der Fahrzeuge zugute. Die Gleisradien sind auch ein Punkt, an dem der Modellbahnplaner arge Kompromisse eingehen muss. Die vorbildlichen 180 m stellen dort das absolute Minimum dar und sind auch nur auf wenig frequentierten Nebengleisen oder Industriebahnen anzutreffen. Auf H0 übertragen wären das immer noch 2,06 m, in TT 1,5 m, in N 1,12 m – Radius des Gleises wohlgemerkt!
Umgekehrt stellt der H0-Standardradius von ca. 43 cm in Wirklichkeit einen Gleisbogen mit 37,4 m Radius dar, also ein Kreislein von knappen 74 m Durchmesser. Außer bei Gruben- und Schuttbahnen dürfte kaum ein Vorbildfahrzeug durch solche Radien gezwängt werden können.

5.5.1. Industrieradien

Die von der Modellbahnindustrie angebotenen Gleisradien verwendet der Modellbahner im Schattenbahnhof oder anderen verdeckten Strecken. Im sichtbaren Teil setzt er Flexgleis ein – um der Optik Willen.

Als Faustregel ein paar Zahlen. Im sichtbaren Bereich stellen 600 mm die absolute Untergrenze dar (analog TT 435 mm, N 330 mm, Z 220 mm).

Unser Ziel ist ja ein über Jahre interessantes Betriebsspiel sicherzustellen. Wohl dem, der großzügig plant, denn vielleicht will er mal Modelle der 26,4-m-Vierachser einsetzen. Und auch wer sich sicher ist, nur mit bayerischen Lokalbahnwägelchen herumzukutschieren, wird die vorbildgetreue Anlage der Gleisfiguren schätzen und sich über das wesentlich realistischere Erscheinungsbild und die höhere Betriebssicherheit lange freuen. Nichts sieht da unnatürlicher aus als D-Zug-Wagen mit langem Überhang in der Kurve.

Zum Thema Fahrsicherheit gehören auch Zwischengerade, die weiter oben abgehandelt worden ist, sowie der Übergangsbogen, der auf S. 129 vorgestellt wird.

5.5.2. Streckenkonzepte und -pläne

Soviel zum Thema Gleisradien, nun geht es um die Strecke als Verbindung zwischen den Bahnhöfen. Klar, dass da auch wieder mit Flexgleisen geplant wird – zumindest im sichtbaren Teil. Weiter oben wurde ja das Ziel der Planung formuliert: Ziel ist eine nach Jahren noch interessante Anlage, was ein entsprechendes Streckenkonzept mit vorbildgerechtem Verkehr vom Ort A nach B bzw. C usw. bedingt.

Ein Streckenkonzept definiert demnach den möglichen (und sinnvollen) Verkehr auf der Anlage. »Sinnvoll« ist eingeklammert, weil ein wirklich verkehrstechnisch-sinnvoller Betrieb nicht immer möglich ist – aber muss er es eigentlich sein?

Modellbahnerei ist immer auch Kompromiss: Klar kann man strikt von A nach B einen Betrieb abwickeln, aber es hindert uns doch niemand daran, einen Umweg über C zu machen, was außer Fahrtstrecke und evt. Rangieraufenthalten nichts bringt, aber genau darum geht es: Maximaler Betrieb!

Eine in der Wirklichkeit nach solchem Plan wirtschaftende Bahngesellschaft wäre sicher bald pleite. Aber als Modellbahner müssen wir solche Rücksichten glücklicherweise nicht nehmen.

5.5.2.1. Beispielhafte Konzepte

Die im Folgenden vorgestellten Streckenkonzepte dienen lediglich zur prinzipiellen Verdeutlichung von Verkehrsflüssen. Die ausführliche Diskussion der Vor- und Nachteile und die Hinweise auf andere Möglichkeiten soll mit den Gedankengängen, die zur Entwicklung von Streckenkonzepten führen, bekannt machen.

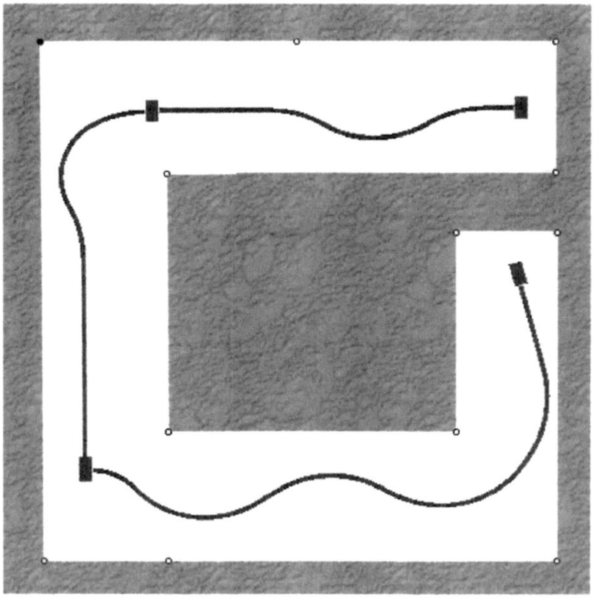

Der einfachste **Plan 1** sieht einen Verkehr auf einer AdW-Anlage vor, die Strecke führt von A nach D mit den beiden Zwischenbahnhöfen B und C. Das ist ein klares Konzept ohne Schnickschnack und nahezu vorbildgetreu. Für solche Konzepte sind Schattenbahnhöfe nicht unbedingt nötig, aber im Hinblick auf einen abwechslungsreichen Zugverkehr aber durchaus sinnvoll.

Das vorbildgetreue Konzept auf der AdW-Anlage

Eine Erweiterung ist der nächste **Plan 2**: Hier findet der Verkehr betriebsintensiv zwischen zwei Endbahnhöfen A und C statt. Dazwischen liegt B, was als Durchgangsbahnhof oder – empfehlenswerter – als Schattenbahnhof ausgeführt werden kann. Endbahnhöfe zwingen ja zum Lokwechsel und sind deshalb aufwendig zu betreiben, was für den Modellbahner ja wünschenswert ist.

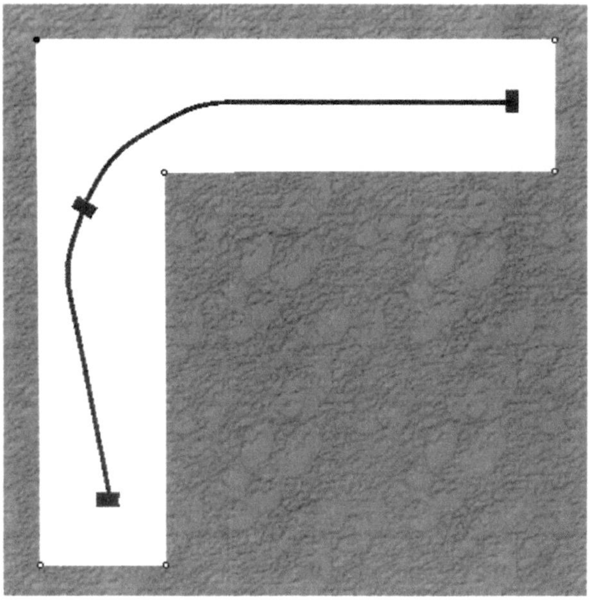

B könnte als verdeckter Zwischenbahnhof ausgeführt werden und als Schattenbahnhof fungieren.

Ein solches Konzept lässt sich als AdW-Anlage ausführen oder auch als Rundumanlage. Erweiterungsmöglichkeiten bestehen im Ausbau des Bahnhofs B, sodass bei entsprechender Streckengestaltung nicht nur Verkehre A-B und B-C möglich sind, sondern auch die Fahrt A-C. In einer weiteren Ausbaustufe ließe sich ein Rundumverkehr realisieren, beispielsweise indem die Endbahnhöfe A und C von vorneherein als Durchgangsbahnhöfe geplant, zunächst aber als Endbahnhöfe gebaut werden. Erst zu einem späteren Zeitpunkt werden sie zu Durchgangsbahnhöfen umgebaut. Die Abstellgleise werden dann beidseitig angeschlossen, das Hauptgleis wird zum Durchfahrgleis. All das ist mit relativ wenig Aufwand realisierbar.

Eine Variation wäre **Plan 3**. Hier liegt nur der Bahnhof B im Sichtfeld des Modellbahners, die Bahnhöfe A und C sind Schattenbahnhöfe. Man könnte A und C auch zu einem »Durchgangsschattenbahnhof mit Stumpfgleisen« zusammenfassen. Diese Lösung bietet die Möglichkeit doch mal seine Züge Runden drehen zu lassen, denn die Konzeption mit Schattenbahnhöfen mit stumpf endenden Gleisen bedingt immer einen erheblichen – wünschenswerten – Rangieraufwand. Eine solche Lösung bietet sich für U-Anlagen mit zwei – auch unterschiedlich langen – Schenkeln an. Bahnhof B liegt auf dem längsten Schenkel in der Mitte, während die Schattenbahnhöfe A und C verdeckt auf den beiden seitlichen Schenkeln liegen. Das entspannt die Szenerie: Verlässt der Zug den Bahnhof in der Mitte muss sich der Modellbahner mitdrehen, um den Zug verfolgen zu können. Stadt und Industrieanlagen geraten außer Sicht, die Landschaft kommt in das Blickfeld. Diese Streckenkonzept bietet also Bahnhofsfahrten und Rangieren sowie Fahrten durch die Landschaft. Die Schattenbahnhöfe kann man auch als Kehrschleifen ausführen, das bringt einen »ewigen Verkehr«.

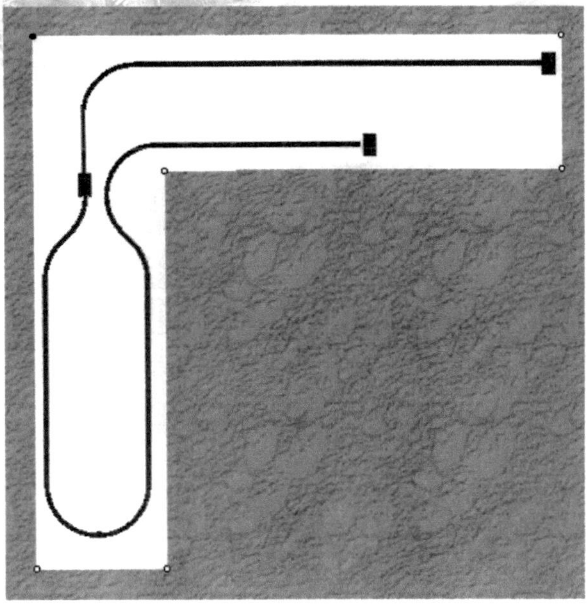

Nun fungieren die Bahnhöfe A und C als Schattenbahnhöfe

Der **nächste Plan** stellt eine Erweiterung des Konzepts dar. Im Prinzip ist es dieselbe Streckenführung, doch diesmal ist die Strecke für eine Zungenanlage – wenn sich eine AdW-Anlage nicht realisieren lässt – angepasst worden. Man erkennt, dass die Streckenführung nurmehr bedingt vorbildgetreu ist: Kehrschleifen und ein relativ aufwendiges Hin und Her sind der Preis der zu zahlen ist. Aber solche Strecken lassen sich ja wegtarnen. Zum Beispiel nimmt man dem Plan viel von der Vorbildwidrigkeit, wenn die im Hinblick auf das Vorbild widersinnige Kehren-Streckenführung nicht auf den ersten

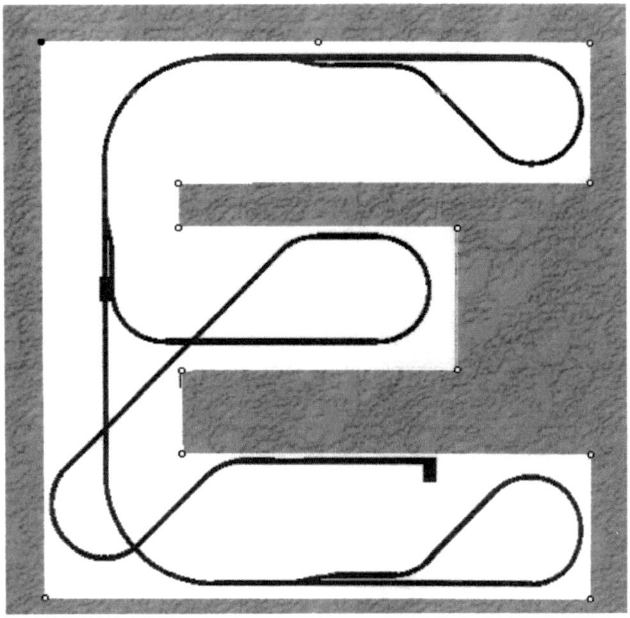

Man könnte diese Szenerie entspannen, indem die Zungen als einzelne Teile eines Bahnhofs fungieren: Man könnte z. B. einen Personen- vom Güterbahnhof optisch trennen und auf der dritten Zunge eine Abstellanlage verwirklichen.

Blick zu erkennen ist. Durch einen Tunnel lässt sich viel tarnen. Aber Vorsicht: Ein winziger Ecktunnel wirkt u. U. kontraproduktiv und unterstreicht die Kehre möglicherweise. Vollends störend wird es, wenn das Ende des Zugs noch nicht im Tunnel verschwunden ist, aber die Zugspitze bereits wieder ans Tageslicht gekommen ist – das zerstört jede Illusion.
Besser ist es die hintere Tunneleinfahrt komplett außer Sicht zu verlegen – was ich nicht sehe, stört mich auch nicht. Und die vordere Tunneleinfahrt so platzieren, dass die Kehrenführung der Gleise nicht sofort auffällt.

Der **nächste Plan** stellt eine Erweiterung des Plans 1 dar: Diesmal fungiert der Bahnhof C als Schattenbahnhof, liegt also außerhalb des Blickfelds. Züge tauchen also aus dem Untergrund auf, durcheilen B und enden in A, einem Endbahnhof.
Solch eine Konzeption bietet sich für Eckanlagen an. Man könnte B und C auf je einem Schenkel unterbringen und dadurch optisch trennen, was bei Eckanlagen im Sinne einer ruhigeren Szenenentwicklung u. U. wichtig ist.
Erweiterbar ist dieser Plan durch Erweiterung des Schattenbahnhofs C als Kehrschleife, dadurch wird ein durchgehender Betrieb A-C-A möglich. Eine Kehrschleife verändert aber die Wagenreihung, also der aus A abgefahrene Zug mit der Dampflok an der Spitze und dem Packwagen an zweiter Stelle und einer Donnerbüchse an dritter Stelle kommt dann kurz darauf in A wieder an. Doch der Zug kommt nun genau in umgekehrter Reihenfolge in A an. Das ist u. U. von Bedeutung, wenn der Modellbahner z. B. mit Wagenkarten und Frachtzetteln Betrieb machen will, denn bei diesen Betriebsspielen kommt es darauf an, dass die Waggons in einer vorgesehen Reihenfolge bleiben – wenn sie eine Kehrschleife durchfahren, werden ihre Positionen innerhalb des Zugs nicht, ihre Positionen relativ zum außen stehenden Betrachter aber verändert.
Wer darüber hinwegsehen kann, ist mit dem von englischen Modellbahnern als »out-and-back« (»Raus-und-wieder-Rein«) bezeichneten Konzept aber gut bedient. Es bringt auf einfache Weise längeren Fahrweg und damit auch Fahrtzeit.
Abschließend noch ein Streckenkonzept für eine klassische Rechteckanlage. A und B sind verdeckte Schattenbahnhöfe, ihre Verbindung aber führt in offener Strecke durch den sicht-

Bahnhof Bietigheim-Bissingen am 31.12.2008. Foto: Jürgen Knopf

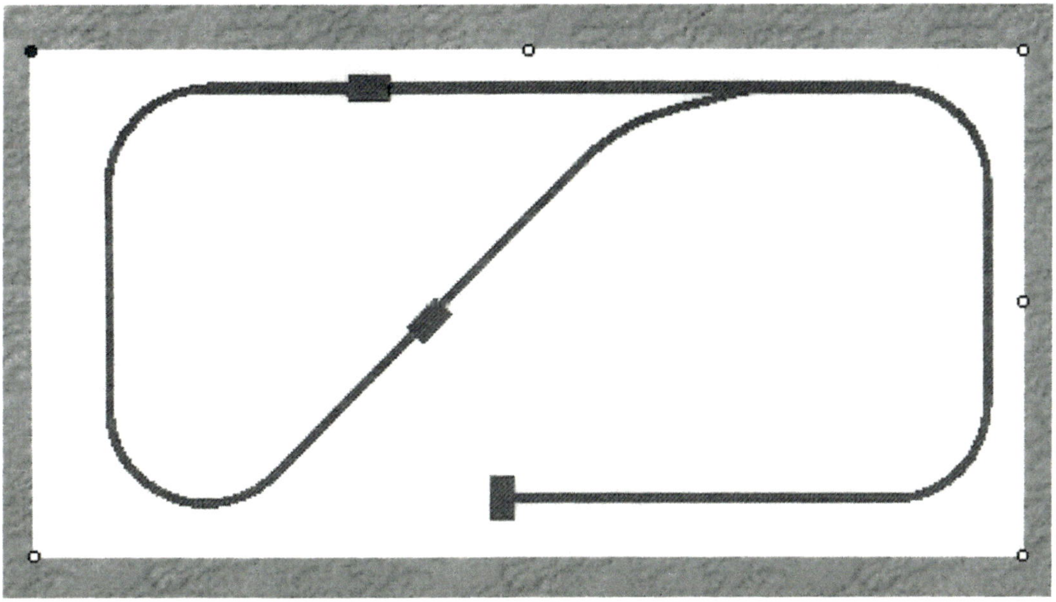

Auch für Rechteckanlagen gibt es interessante Konzepte. Dieses Streckenkonzept lässt sich auf relativ wenig Platz verwirklichen.

baren Teil der Anlage. Ein schönes Fahrmotiv also, geeignet für Freunde langer Hauptstreckengarnituren, die auf dem von den Ausmaßen möglichen Bahnhof vielleicht nicht glaubhaft wirken würden.

Von B geht es dann nach C, was als Endbahnhof ausgeführt ist. Das hat den Vorteil, dass keine Platz fressenden Kehrschleifen vorzusehen sind, Endbahnhöfe sind weniger tief bauend machbar.

In einer Variation fährt der Zug von C nach B oder nach A, die also jeweils separate Schattenbahnhöfe sind. Oder die Schattenbahnhöfe erhalten Kehrschleifen, wodurch ein Raus-und-wieder-Rein-Betrieb ermöglicht wird.

6. Gleisplanung

Nun stellt sich die Frage: »Wie krieg' ich einen passablen Gleisplan hin?« Von diesem oder, besser gesagt, seinem strukturierten Aufbau hängt ja Wohl und Wehe der geplanten Modellbahn ab. Er ist entscheidend dafür, ob die Anlage auch nach Jahren noch spannendes Beteriesspiel ermöglicht, oder ob man schon bald vor Langeweile gähnend seine Züge herumkreisen lässt. Wie also stellt man das Ganze an?

Nun geht es um den Gleisplan und Planungshilfen, sodass das U-Boot auch nach Jahren noch viel zu tun hat. Foto: Jochen Frickel

6.1. Gleisplanbroschüren

Für den Anfänger hält die Industrie zahllose markenspezifische Gleisplanbroschüren bereit, in denen viele, auch interessante Anlagenpläne zu sehen sind. Komplettiert werden die Anlagenvorschläge durch Listen mit genau aufgeführtem Gleisbedarf und weiterem Zubehör (Trafos, Stellgerätschaften).

Selten aber erhält man Betriebshinweise oder Tipps zum zugrunde liegenden Betriebskonzept. Vielen dieser Anlagen mangelt es an ausgeklügelter Konzeption, sie sind oftmals nur schön anzuschauen, aber wer sie betreiben will, dem wird es bald langweilig.

Nicht wenigen dieser Vorschläge basieren auf dem altbekannten Oval, das schnell langweilig wird, weil ihm die Betriebsidee fehlt. Warum, bitteschön, soll der Zug denn nur im Kreis rumfahren? Beim Vorbild wäre das irrsinnig – abgesehen von Straßenbahnanlagen, freilich.

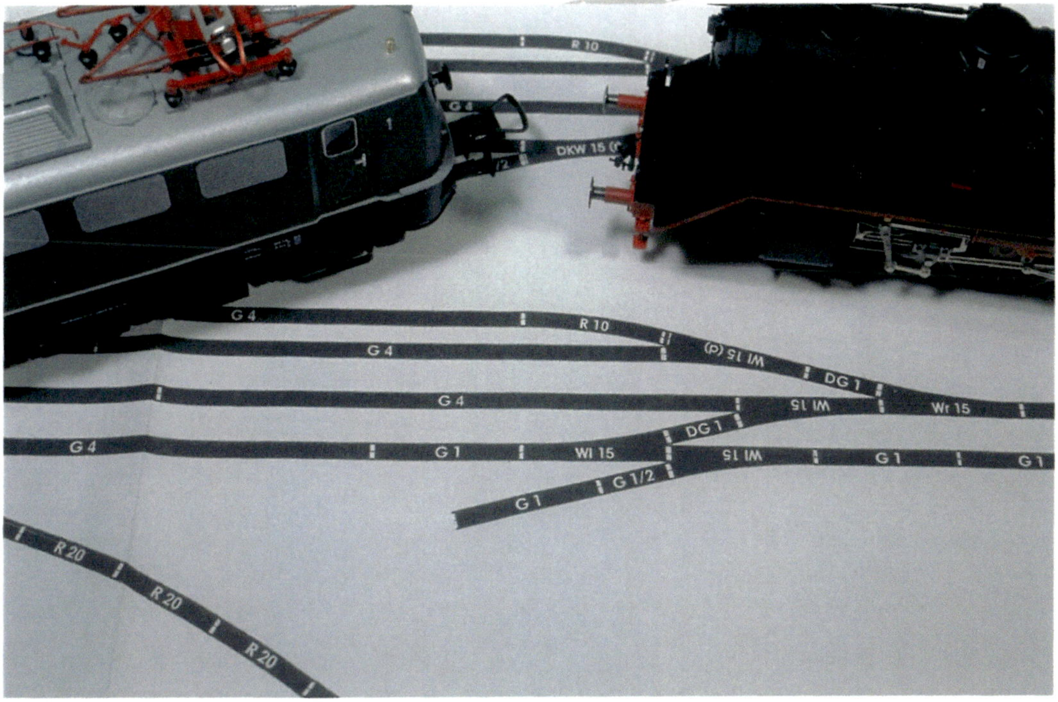

Ein Gleisplan aus dem Roco-Line-Gleisplanungsbuch. Die Gleispläne heben sich ab vom Ovaleinerlei vieler anderer Planungsbroschüren.

Die Bahn will etwas von A nach B bringen, darin muss ein Gleisplan gründen. Die Gleisplanbroschüren sind eigentlich nur für den absoluten Anfänger geeignet, der sich keine Gedanken machen will, um ein stimmiges Konzept zu erarbeiten. Er dürfte aber bald auch keinen Spaß mehr mit der Kreisfahrerei haben.
Auch Kinder, denen man ja gern das erste Eisenbahnoval schenkt, beginnen schon nach kurzer Zeit das mit dem Packungsinhalt vorgegebene Oval »aufzubiegen«, legen also Strecken, die von A nach B führen. Um die Modellbahn gerade auch im Hinblick auf die Nachwuchsprobleme des Hobbys nicht nur interessant zu machen, sondern auch zu halten, sollte die Gleisausstattung von Anfangspackungen daher eher auf eine Transportidee abgestimmt werden als auf Kreisfahrerei.

6.2. Mit dem Fotoapparat

Die Frage nach dem »gescheiten Gleisplan« bleibt also offen. Eine bessere Idee als Gleisplanbroschüren stellt da der Ausflug mit dem Fotoapparat zu einem Bahnhof des Vorbilds dar. Ich denke da jetzt weniger an Hamburg-Maschen oder München-West mit ihren riesigen Rangierbahnhöfen, sondern eher an die – zugegebenermaßen – immer schwieriger zu findenden kleineren Bahnhöfe des Vorbilds.
Viele Nebenstrecken sind heute stillgelegt und das, was an Gleisanlagen noch zu sehen ist, sind die kümmerlichen Reste einstiger Nebenbahnherrlichkeit. Aber es lassen sich noch solche Kleinode finden.
Wer eine bestimmte Strecke nachbauen will, kann in Archiven, z. B. der Stadt, und natürlich in Zeitschriften wie z. B. der MIBA oder anderen Veröffentlichungen Informationen finden.

Im Dezember 1988 passiert 215 098 mit ihrem modellbahntauglichen Dreiwagenzug aus Silberlingen am Kieswerk Schelklingen auf der württembergischen Donaubahn vorbei. Das Verladewerk wurde mit einer 290 bedient und zweigte kurz nach dem Bahnhof ab, wie im Bild zu sehen. Foto: Uli Ruopp

Ein unschätzbares Informationsmedium stellt das Internet dar, wo viele engagierte Modellbahner Vorbildgleispläne längst vergessener Strecken in Wort und Bild vorstellen. Freunde der kleineren Themen werden z. B. bei http://lokalbahn-reminiszenzen.de fündig, wo es nicht nur Gleispläne, sondern auch Streckeninfos inklusive Fahrplänen und Betrieb gibt.

Gut dran ist derjenige, der jemanden mit Originalplänen kennt. Bei Modellbahnclubs, die den Bahnhof der Stadt nachbauen, erhält man ggf. Unterstützung.

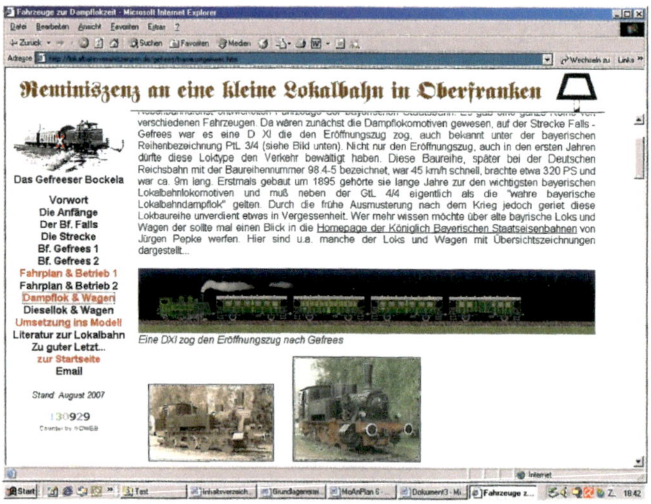

Die Seite http://lokalbahn-reminiszenzen.de ist nur ein Beispiel eines riesigen Fundus an nachbaubaren Gleisplänen und Themen im Internet.

6.3. Gleisplanschablonen

Ehe auf die von der Industrie erhältlichen Planungshilfen eingegangen werden soll, noch ein paar Gedanken vorab. Bevor man zu einer Gleisplanschablone oder Ähnlichem greift und damit die Feinplanung einläutet, muss der ungefähre Streckenverlauf konzipiert sein. Freilich kann man mit Planungshilfen auch einfach nur so rumprobieren, aber darum solle es jetzt nicht gehen, sondern um den raschen Planungsfortschritt, schließlich wollen wir unsere Bahn ja bald zum Fahren kriegen.

Stellvertretend für ihre Geschwister anderer Hersteller: Eine Gleisplanungsschablone aus durchgefärbtem Kunststoff von Märklin, hier für das Märklin-Mini-Club-Gleissystem.

Es ist immer günstig, mehrere Entwürfe vorzubereiten, sie dann auf sich wirken lassen und dann den besten auszuwählen. Die Feinplanung vollzieht sich am besten auf Millimeterpapier, das die notwendige Einhaltung der Maße auf einfache Weise gewährleistet.
Natürlich zeichnet man zuerst die bevorzugte Anlagenform auf, um beim nachfolgenden Planzeichnen nicht gleich übers Ziel hinauszuschießen. Die notwendigen Werkzeuge sind im gleichnamigen Kapitel aufgeführt.
Noch eine Bemerkung vorab: Die Planung ist bei allen Planungshilfen an den rechten Winkel gebunden, also an das systemspezifische Gleisraster. Problematisch wird es an den Stellen, an denen zwei Systeme kombiniert werden sollen. Da schleichen sich Ungenauigkeiten ein, die hinterher ärgerlich werden können. Natürlich ist die Ausrichtung am rechten Winkel und

dem systemspezifischen Gleisraster zunächst eine zwangsläufige Folge der geometrischen Gegebenheiten.
Die unangenehmere Folge dabei ist aber, dass dabei recht uniforme, starre Gleisbilder entstehen. Vorbildgemäße Gleisbilder sind mit solchen Planungshilfen kaum erreichbar, das liegt logischerweise ja auch an den konfektionierten Gleisstücken eines Gleissystems. Der Einsatz eines Flexgleis verlässt den Rahmen des »sicheren« Grundrasters. Dafür reicht auch schon ein kurzes Systemgleischen, um im freien Raum zu landen, selbst das Millimeterpapier hilft da kaum weiter.
Wie kann Abhilfe geschaffen werden?
Zunächst wird der Plan auf durchsichtigem Transparentpapier, das auf einem Millimeterpapier liegt und mit diesem z. B. durch Büroklammern zusammengeheftet wird, gezeichnet. So kann man die Millimetereinteilung des untergelegten Millimeterpapiers nutzen.
Will man nun das vorgegeben Raster des verwendeten Gleissystems verlassen – das muss man schon aus Gründen des gewollten lebendigen Eindrucks eines solchen Gleisplans tun – löst man Transparent- vom Millimeterpapier und fügt beide in dem neuen, passenden Winkel wieder zusammen.

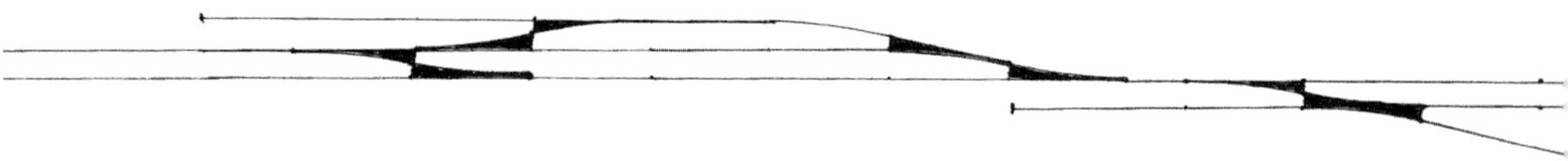

Ein Plan, gezeichnet mittels der Märklin-Gleisplanungsschablone. Man muss schon genau zeichnen, damit sich kleine Toleranzen nicht zu größeren Abweichungen summieren. Sinnvoll ist es allemal Hilfslinien einzuzeichnen, die ein Orientieren auf blankem Papier erleichtern. Um die Kontraste zu erhöhen könnte man die Weichen schwärzen.

Die meisten Hersteller von Großseriengleissystemen haben sogenannte Gleisplanschablonen im Angebot. Diese durchgefärbten Kunststoffschablonen eignen sich zur individuellen Gleisplanung.
Systemspezifisch sind auf dieser Vorlage Gleise, Weichen und Kreuzungen der Normalgeometrie, aber auch Zubehörteile wie eine Drehscheibe, Schiebebühne oder Lokschuppen oder gar Rampenteile für eine Auffahrt aufgezeichnet, zumeist im Maßstab 1:5.
Die einzelnen Gleiselemente des jeweiligen Systems sind in der Bedienungsanleitung mit Artikelnummer, tatsächlicher Länge, bei Weichen mit Weichenwinkelangabe und bei gebogenen Gleisen auch mit Angabe des Kreisbogens (in Gradeinteilung, z. B. bedeuten ein Gleis mit 30° ist ein Zwölftelkreis, also der zwölfte Teil eines Vollkreises, der mit 360° angegeben wird) aufgeführt.
Die einzelnen Elemente können dann mit einem spitzen Bleistift (am besten eignet sich ein Feinminenstift mit 0,5 mm-Spitze) auf Papier übertragen werden. Stück für Stück aneinandergesetzt, ergibt sich so ein recht genauer Gleisplan.
Solche Schablonen sind gut geeignet für die computerunabhängige und/oder unaufwendige Planung am Schreibtisch. Sie bedingen aber genaues Arbeiten, um nicht durch Unachtsamkeiten kleine Fehler einzubauen, die sich zu Ungenauigkeiten summieren können, sodass hinterher eine Stelle einfach nicht aufgehen, sprich passen, will. Nicht umhin kommt man, sich zuvor eingehend mit dem ausgewählten Gleissystem zu beschäftigen, um die einzelnen Elemente kennen zu lernen.

Damit lassen sich einfach und relativ zügig anschauliche Gleispläne entwerfen. Änderungen sind mit Radiergummi rasch erledigt. Kopien z. B. am einfachsten mit Pauspapier oder einem Kopierer schnell hergestellt.

6.4. Märklin-Gleisplanspiel

Einen anderen Weg der Gleisplanung hat Märklin mit seinem Gleisplanspiel beschritten. Meines Wissens inzwischen nicht mehr produziert, ist es aber noch auf Börsen und bei Auktionen im Internet erhältlich.
Es umfasst sämtliche Gleisstücke (und Zubehörteile des Märklin-Sortiments wie die Drehscheibe oder Schiebebühne) des früheren M- und heute noch erhältlichen K-Gleises in Form von Kunststoffteilen im Maßstab 1:5. Die einzelnen Gleischen sind durch Zapfen miteinander zu verbinden und halten sehr gut.

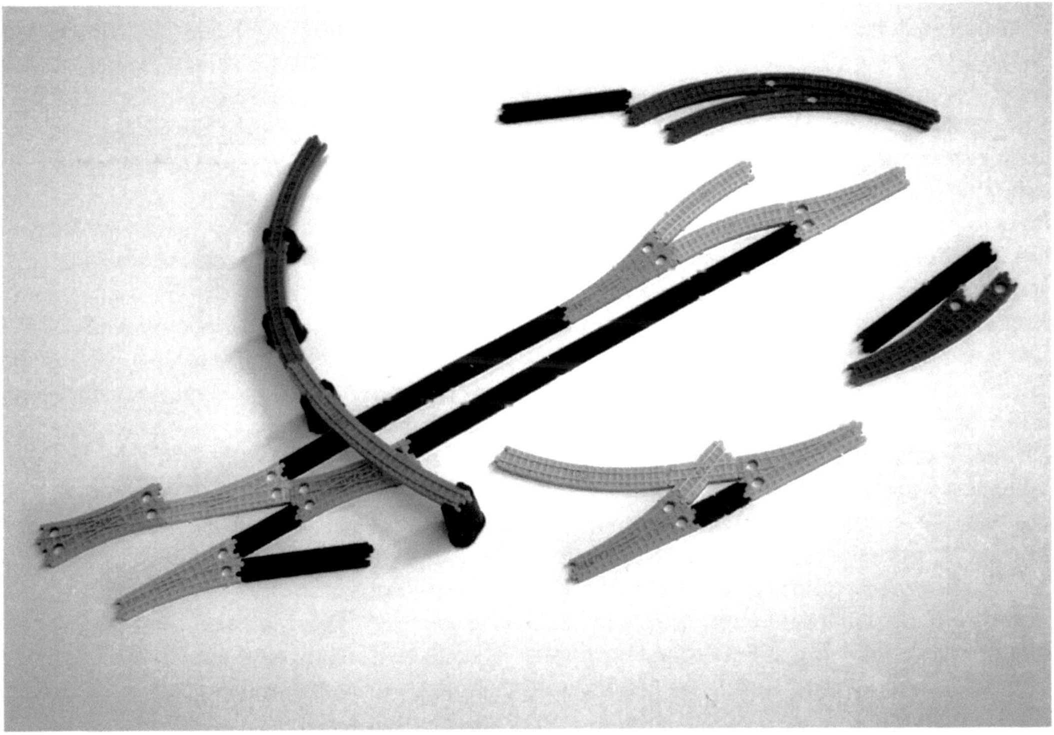

Das Märklin-Gleisplanspiel. Es macht wirklich Spaß, herumzuprobieren. Allerdings sind die Elemente wegen ihrer Kleinheit nicht unbedingt leicht zu handhaben, auch das zusammenpuzzeln ist nicht immer einfach, wenn z. B. ein Gussgrat die Verbindung verhindert.

Ebenfalls recht schnell kann man damit ganze Anlagen aufbauen, Änderungen der Gleisfigur sind natürlich ebenso schnell erledigt. Zum Herumexperimentieren, aber natürlich auch für die Feinplanung mit Märklin-Gleisen ist das Gleisplanspiel hervorragend geeignet.
Im Gegensatz zu den bisher vorgestellten Planungshilfen gestattet das Gleisplanspiel auch die dreidimensionale Darstellung des Gleisplans, denn Steigungen sind durch beigefügte Auffahrten und Brückenpfeiler leicht darzustellen – eine sehr gute Lösung, um die plastische Wirkung des ausgetüftelten Gleisplans gleich zu überprüfen.

Aber leider eignet sich das Spiel im Hinblick auf die Feinplanung, wie erwähnt, nur für das Märklin-Gleissystem. Wer aber erst einmal Gleispläne prinzipiell entwerfen und auf ihre Wirkung hin prüfen will, dem es also noch nicht auf die genau passenden Abmessungen und Gleisfiguren ankommt, der kann damit auch nach Herzenslust Pläne entwerfen. Wer will, kann sich dazu gleich aus Papier Bahnhöfchen und andere Gebäude falten und dem Plan ein schon recht professionelles Aussehen geben – mit dem Vorteil der Dreidimensionalität!

6.5. Roco-Planungsbogen

Einen anderen Weg ist 1989 das Unternehmen Roco (heute Roco Modelleisenbahn GmbH) aus Anlass der damaligen Einführung des Gleissystems Roco Line gegangen. Zur Gleisplanung wird ein sogenannter Planungsbogen angeboten, der auch heute noch, nachdem das Roco-Line-Gleis mit Bettung aus patentrechtlichen Gründen nicht mehr produziert wird, für das Roco-Line-Gleis ohne Bettung aktuell ist.

Grundlage dabei ist eine Folie, die mit einem Raster, passend zur Roco-Gleisgeometrie (Gleismittenabstand 61,6 mm), im Maßstab 1:10 hinterlegt ist. Die Abstände zwischen den senkrechten Linien entsprechen ebenfalls im Maßstab 1:10 einer Normalgeraden von 230 mm, die bei diesem System ja auch für die Kreuzungen und DKW gilt. Die waagerechten Linien entsprechen den Längsachsen der Gleise, wie erwähnt im Parallelabstand von 61,6 mm von Gleismitte zu Gleismitte.

Diesem Planungsbogen liegen auf einer gesonderten Folie mehrere sogenannte Symbolbögen bei, auf denen »Klebeelemente« aufgebracht sind. Diese stellen die maßstabsgerecht verkleinerten Gleissymbole dar und tragen zu besseren Erkennbarkeit die Systembezeichnungen, also z. B. Wr15 für eine rechts abzweigende Weiche mit dem Weichenwinkel 15°. Da diese Gleissymbole auf ein Adhäsionsmaterial aufgedruckt worden sind, das ohne Einsatz von Klebstoffen auf der Rasterfolie haftet und immer wieder verwendet werden kann, ist ein leicht verwendbares Gleisplanungssystem entstanden.

Da die Symbole auch spiegelverkehrt einsetzbar sind, kann eine W15, um beim Beispiel zu bleiben, auch als eine linke Wl15 verwendet werden.

Vor dem Auflegen der Symbole zeichnet man mit einem Folienschreiber die Umrisse der zur Verfügung stehenden Fläche des Raums oder der Anlage auf die Trägerfolie auf (Maßstab 1:10). Man kann dann auch mit farbigen Folienstiften Gebäude und Landschaft andeuten und kommt so rasch zu einem ansehnlichen Gleisplan. Der Plan lässt sich aufgrund seiner guten Kontrastwirkung mit sehr gutem Ergebnis kopieren. Auch eine Gleisbedarfsliste ist schnell erstellt: Anhand der Bezeichnungen der einzelnen Symbole kann man den Bedarf rasch ermitteln.

Besonders einfach ist das Planen mit Flexgleisen, da diese mit abwaschbaren Stiften (wie für Overheadfolien verwendet) auf die Folie gezeichnet werden können. Mit einem feuchten Lappen ist das Gezeichnete rasch wieder beseitigt oder korrigiert. Wer mit Flexgleisen planen will, beginnt mit der Planung an einer Stelle, an der die Gleise parallel liegen, oder, wenn es ein einzelnes Gleis sein soll, exakt am Grundraster ausgerichtet werden kann. Dann führt man das Gleis mittels Übergangsbogen in den gewünschten Radius, sodass sich alle folgenden Gleisführungen an diesem Kurvenzug orientieren. Auf diese Art werden auch die im Bogen verlaufenden Flexgleise wieder in gerade verlaufende Streckenabschnitte zurückgeführt.

6.5.1. Was ist ein Übergangsbogen?

Ein Übergangsbogen ist eine stetige, möglichst querruckarme Krümmungsänderung, die dem Fahrkomfort der Reisenden ebenso entgegenkommt wie der Schonung von Oberbau und Fahrzeugen. Jeder kennt es, wenn die zu schwungvoll genommene Autobahnausfahrt sich plötzlich »zuzuziehen beginnt«, die Kurve also »immer enger wird«. Was beim Autofahren demnach nicht unbedingt dem Fahrkomfort zugute kommt, sorgt bei der großen Bahn tatsächlich für mehr Fahrkomfort: Der Zug wird mittels Übergangsbogen sozusagen sanft in die Kurve geleitet. Von der Modellbahn mit Standardgleisen kennt man das – vor allem bei Verwendung enger Radien – selten: Der Zug rast dahin, da, plötzlich donnert er in den engen Gleisbogen. Er entgleist zwar nicht, weil die Massen zu gering sind, aber schön ist's nicht.

Man stelle sich das einmal beim Vorbild vor, wie die Reisenden bei donnernder Fahrt auf einer Strecke ohne Übergangsbogen da durch die Gegend geworfen werden, von der Querbeschleunigung, die da auf die armen Fahrkartenkäufer wirkt, einmal ganz zu schweigen. Ich denke, dass man sich auch gut die Kräfte, die dabei auf den Oberbau und die Fahrzeuge wirken, vorstellen kann.

6.5.2. Wie konstruiert man einen Übergangsbogen?

Am einfachsten ist es, wenn das verwendete Gleissystem mehrere Bogengleise verschiedener Radien besitzt. Dann kann man sich sozusagen an die Kurve »heranpirschen«. Das ist auch zeichnerisch mittels Gleisplanschablone zu bewältigen. Beginnend mit einem Gleis des größten Radius werden stufenweise Gleisstücke mit immer kleineren Radien aneinandergesetzt, bis der die Strecke weiterführende Radius oder die Gerade erreicht ist. Besonders elegant gelingt das mit Flexgleisen, die in stetig zunehmender Krümmung dem weiterführenden Gleisstrang anzunähern sind.

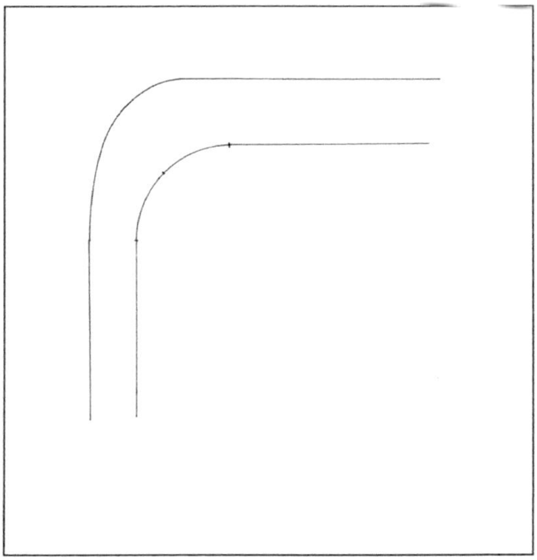

Ein mittels Schablone gezeichneter Übergangsbogen, gegenüber dem Bogen aus Industrieradiengleisen (darunter) wirkt das viel vorbildgetreuer.

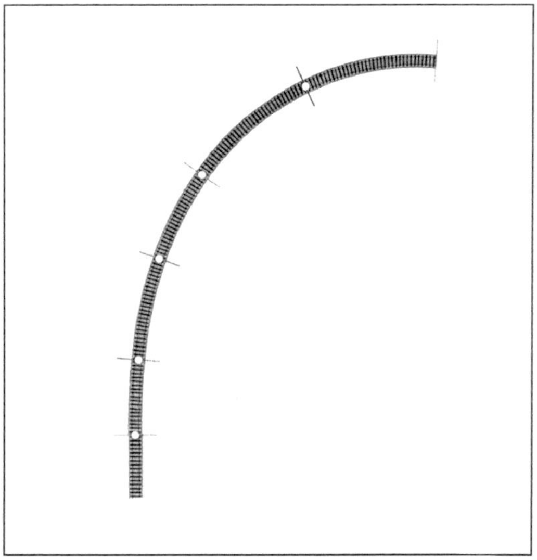

Ein Übergangsbogen erzeugt mit einem PC-Gleisplanungsprogramm.

Dieser Vorschlag basiert also auf vorgegebenen Gleisstücken bzw. auf dem Ausprobieren. Es geht aber auch anders (zeichnerisch kann man das ja mit einem Bogenlineal bewältigen), da hilft aber nur etwas handwerkliches Geschick und natürlich Geometrie: Mittels eines biegsamen Metall- oder Kunststoffstabs, der im Idealfall die Abmessungen des verwendeten Gleisprofils besitzt, imitiert man sozusagen das Flexgleis.

An dem einen Ende des Stabs wird mittels einer Platte eine Versteifung (Metallwinkel, der an dem Stab mittels Schrauben befestigt wird, oder eine Kunststoffplatte, die an dem Stab festgeklebt wird) angebracht, die gleichzeitig als Befestigung auf dem Untergrund (die Metall- bzw. Kunststoffplatte erhält zwei Löcher, durch die der Stab mit dem Anlagenuntergrund verbunden wird) gedacht ist (wie auf der Skizze zu sehen).

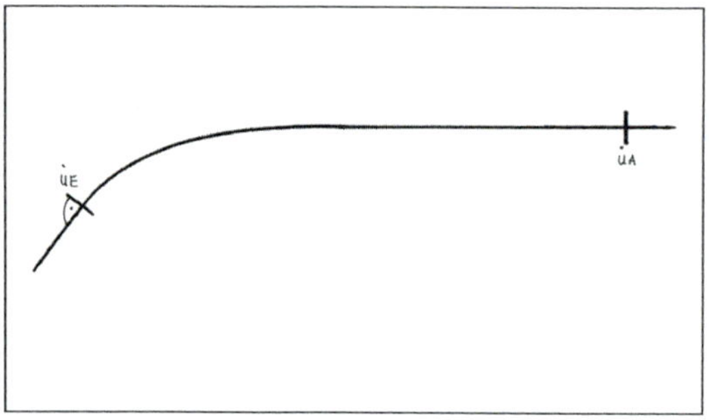

Der Übergangsbogen in der Skizze.

Eine »Übergangsbogenbauhilfe«, eine Metallschiene mit angeschraubter Befestigungsplatte aus Holz, die als Kurvelineal für die Planung im Maßstab 1:1 dient.

An dem Punkt ÜE (wie Übergangsbogenende; siehe Skizze) wird der Stab an das Gleis, in das die Strecke mittels Übergangsbogen in einen immer engeren Radius überführt werden soll, tangential (eine Tangente ist eine Gerade, die eine Kurve in einem und nur einem Punkt berührt; z. B. ein Waggonrad, das die Schiene in eben einem Punkt berührt) angelegt und befestigt.

Wie ist der Punkt ÜE zu finden? Man kann sich dabei an der Versteifungsplatte orientieren, die der Gleislängsachse entsprechen soll.

Nun biegt man den Stab und führt in an den auf der Skizze mit ÜA bezeichneten Punkt (Übergangsbogenanfang). Der Stab fungiert nun als Kurvenlineal, an dem der Übergangsbogen aufgezeichnet werden kann. Entspricht der Stab den Abmessungen des Gleisprofils, zeichnet man an der linken und rechten Kante das Kurvenprofil auf; ist der Stab von geringerem Durchmesser, definiert er die Gleismitte.

Zurück zur Roco-Planungshilfe. Der Vorteil dieser Roco-Planungshilfe ist die schnelle Abänderbarkeit des Entwurfs: einfach alte Symbole entfernen, neue ansetzen und fertig. Bei Gleisplanschablonen muss dafür radiert werden, was spätestens nach dem dritten, vierten Mal nicht nur unsauber aussieht, sondern unter Umständen auch das Papier und damit den Plan beschädigt. Nachteilig ist, dass gerade die sehr kleinen Gleissymbole (Ausgleichsstücke) leicht wegflutschen und sich eigentlich nur mit der Pinzette handhaben lassen.

Die Idee ist im Prinzip auch für andere Gleissysteme einsetzbar. Natürlich wird sich der einzelnen Modellplaner wohl kaum der Mühen unterziehen, maßstäbliche Planungsbögen für sein System zu erstellen. Gehen wir davon aus, dass ein Modellbahner bereits ein Gleissystem sein Eigen nennt. In diesem Fall kann er leicht zu einem Planungsbogen kommen: Er kopiert einfach seine Gleise und erhält so ein Planungsspiel im Maßstab 1:1. Verwendet

er ein Gleissystem ohne Bettung erhält er aus dem Kopierer leicht wieder erkennbare Abbildungen seiner Gleise (Bettungsgleise werden als schwarzer Klotz wiedergegeben). »Aber dann kann er doch gleich seine Gleise auflegen«, höre ich es da aus dem Hintergrund murren. Richtig, aber das ist ungleich mühsamer, als die leicht veränderbare Gleisplanung mit 1:1-Elementen. Die »echten« Gleise müssen zusammengesteckt werden, was Zeit in Anspruch nimmt. Die »Papiergleise« – die man zuvor ausschneiden muss, was auch wieder Zeit kostet, ich weiß – sind sehr viel schneller auf- und – das ist ihr eigentlicher Vorteil – wieder umgelegt, folgen also unaufwendig einer Veränderung. Die echten Gleise müssen da erst wieder auseinandergezerrt werden (kostet im Übrigen auch Zeit), man denke da an komplizierte Weichenstraßen mit DKW und/oder Kreuzungen oder gar an Flexgleise. Das spricht doch alles für die Planung in 1:1, oder?
Um das Ganze noch zu verfeinern, könnte man die verschiedenen Radien in unterschiedlichen Farben kopieren, also verschieden-farbiges Kopierpapier verwenden (macht bei Bettungsgleisen keinen Sinn, weil die nur in schwarzer Klotzform zu kopieren sind). Der Aufwand lohnt sich, ist solch ein Planungspapier doch mehrfach verwendbar.

6.6. Werkzeuge

Wie bei jeder guten Arbeit benötigt man auch beim Gleisplanzeichen gutes Werkzeug. In der kürzen Übersicht sollen nun die wichtigsten Hilfsmittel für das Erstellen eines Gleisplans vorgestellt werden, zunächst für den Entwurf, der dann ins Reine gezeichnet wird.

6.6.1. Hand oder PC

Eine Bemerkung vorab: Das Selbstzeichnen ist angesichts einfacher PC-Programme sicher etwas aus der Mode gekommen. Wem die meist seelenlosen Zeichnungen und Computergrafiken aber zuwider sind, sollte sich einmal an so einer Handzeichnung versuchen. Es ist noch kein Meister vom Himmel gefallen und man benötigt wahrscheinlich einige Versuche, aber das Planzeichnen von Hand macht Spaß. Und es hilft bei der Suche nach einem spannenden Gleisplan enorm, sich mit dem entstehenden Gleisplan auch zeichnerisch auseinanderzusetzen.

6.6.1.1. Zeichenunterlagen

Worauf kann gezeichnet werden? Der Profi benutzt eine Zeichenmaschine, deren teure Anschaffung sich für den Normal-Modellbahner nicht lohnt. Es genügt z. B. auch eine stabile Holzunterlage, vorausgesetzt sie besitzt eine wirklich glatte Oberfläche, damit keine Krümelchen den Bleistiftstrich behindern. Günstig fährt man z. B. mit einer kunststoffbeschichteten Platte aus dem Baumarkt im Din-A-2-Format (viermal so groß wie Din-A-4, also 420 mm x 594 mm).

Eine gute Zeichenunterlage ist der Kartoneinband dieses Zeichenpapiers. Oben drauf liegt ein Maßstabslineal, das die Maßstäbe 1:10, 1:100, 1:50 und 1:5 abträgt.

6.6.1.2. Papier

Entwürfe werden zumeist in 1:20 angefertigt, der Plan dann in 1:10. Während bei der Entwurfsarbeit ganz gewöhnliches Zeichenpapier genügt, kommt mit fortschreitender Entwicklungsstufe – natürlich auch in Abhängigkeit vom verwendeten Stift, siehe unten – höherwertiges Papier zum Einsatz. Der endgültige Entwurf kann in den meisten Fällen auf einem Papier des Formats Din-A-3 entstehen.

Ein handgezeichneter Plan, der nachträglich koloriert wurde. Zunächst wurde mit Bleistift der Rohentwurf gezeichnet, dann mit Tusche nachgezogen. Die Landschaftsdetails wie Bäume wurden mit 0,35-mm-Tuschestift gezeichnet. Abschließend – nach dem Durchtrocknen – wurde mit weichen Holzfarben flächig koloriert.

Wer generell den PC bei der Planung außen vor lassen will, greift zum sogenannten Paus- oder Transparentpapier. Es besitzt eine Reihe von Vorteilen, z. B. beim Zeichnen der Unterkonstruktion. Man kann ganz leicht die Umrisse der Trassenbretter auf den Unterkonstruktionsplan durchpausen und danach die Quer- und Längsträger einzeichnen.
Im Prinzip kann man seine Anlage auf diese Art auch in mehreren Ebenen anlegen: Ganz unten die Unterkonstruktion, darauf der Schattenbahnhof, dann die erste Verkehrsfläche, dann die zweite etc. bis zum Bergbahnhof. Damit kommt die Durchgreiföffnung (Mannloch) immer an dieselbe Stelle und zeichnerische Ungenauigkeiten schleichen sich erst gar nicht ein. Gleichzeitig lassen sich auf diese Weise auch die Orte für Weichen- und Signalantriebe auf ihre Profilfreiheit überprüfen oder ob sie in der nächstunteren Etage evt. ein Hindernis darstellen und z. B. in das Lichtraumprofil der dort verlaufenden Strecke hineinragen könnten.

6.6.1.3. Stifte

Ganz oben auf der Werkzeugliste steht der Bleistift, mit dem von der ersten Skizze bis zum fein ausgearbeiteten Plan alles gezeichnet werden kann. Dabei ist nach Härtegraden zu unterscheiden:
Erste Skizzen kann man mit Stiften des Härtegrads 4B oder kleiner anfertigen. Sie sind weich und mit ihnen gelingen schnelle Striche ebenso gut wie relativ konturenscharfe Proportionszeichnungen, zudem verschmiert ihr Strich nicht so schnell wie der der noch weicheren Härtegrade 5B und höhere.
Der Härtegrad 8B und die nachfolgenden Bezeichnungen 7B, 6B etc. kennzeichnet sehr weiche Stifte, mit denen man flächig zeichnen kann, z. B. auch Schattierungen aufbringt. Die Mischung ihrer Minen wird als sehr weich bezeichnet und ihr Strich verwischt oder verschmiert sehr leicht, wenn man nicht aufpasst.
Der weit verbreitete Bleistift des Härtegrads HB (auch B) ist für feines Zeichnen geschaffen, da man ihn fein anspitzen kann, zudem lässt er sich noch gut radieren. Die als hart bezeichneten Bleistifte der Härtegrade H-3H dienen in erster Linie für sacht angedeutete Vorzeichnungen oder das Ziehen von Hilfslinien. Bestens eignen sie sich zum Durchpausen von Vorlagen. Noch härter Stifte scheiden für die Verwendung bei der Gleisplanung aus.
Die nächste Stufe der Bleistifte stellen die sogenannten Druckbleistifte dar, das sind Stifte für die Verwendung mit Wechselminen. Diese lassen sich mit speziellen Spitzern fein anspitzen.

Die Minen sind zu günstigem Preis in größerer Menge zu kaufen, ein Druckbleistift lohnt sich aber nur für Vielzeichner und -schreiber.
Einen sauberen Strich zaubern Feinminenstifte aufs Papier, im Prinzip ein Bleistift. Die Zeichengeräte gibt es in verschiedenen Minenstärken und Farben.
Verlassen wir nun das Entwurfsstadium und kommen zur Reinzeichnung. Für die normalen Zwecke dürften Filzschreiber vollauf genügen. Das Angebot ist riesig, allerdings sollte man bei der Auswahl unbedingt darauf achten, dass die Stifte feine Striche (so um die 0,25 mm) aufs Papier zaubern. Dass Faserstifte bei häufigem Gebrauch mit der Zeit ausfasern, der Strich u. U. also zunehmend breiter und damit indifferenter wird, lässt sich nicht verhindern.
Ein empfehlenswertes Werkzeug ist der neudeutsch Fineliner, also »Stift für das Ziehen feiner Linien«, genannte Profipen von Edding (natürlich stellen auch andere Produzenten vergleichbare Stifte her).

Eine Auswahl wichtiger Zeichenhilfen: links ein Lineal zum Zeichnen von Kreisen unterschiedlicher Durchmesser, unten ein Kurvenlineal, dann in Braun Tuschestifte mit unterschiedlicher Strichstärke, ein Zirkel und schließlich ein Druckbleistift.

Faserstifte sind nicht billig, aber preisgünstig, und es gibt sie in vielen Farben. Sie sind wasserfest und eignen sich daher für das nachfolgende Aquarellieren einer angefertigten Zeichnung mittels Aquarellfarben. Faserstifte sind jedoch sehr trocknungsempfindlich, nach Gebrauch sind sie daher sofort zu verschließen. Vergisst man das, kann man den Stift in der Regel wegschmeißen.
Der Profi führt seine Reinzeichnungen mit Tuschestiften aus, die eine gleich bleibende, exakt definierte Strichstärke besitzen (Fasermaler z. B. verändern ihre Strichstärke mit der Zeit, diese werden immer breiter). Aufgrund der Normung solcher Stifte gibt es eine große Bandbreite an Strichstärken. Für unsere Zwecke genügen Strichstärken von 0,25, 0,35, 0,5 und 0,7 mm aus.

Erkauft wird das saubere, gleichmäßige Zeichenbild durch Ansprüche in die Handhabung der Stifte. Nach dem Motto »Kappe drauf und fertig«, wie bei Fasermalern, geht es nicht. Tusche trocknet bei längerer Nichtbenutzung ein, in einem solchen Fall muss eine neue Patrone eingelegt werden. Auch beim Zeichnen selbst muss Vorsicht walten, die Tusche benötigt einige Sekunden zum Trocknen, daher kann das frische Zeichnungsbild verwischt werden. Kleckse und Schmierereien kann man nur mit der Rasierklinge oder speziellen Schabern weitgehend beseitigen, Voraussetzung dafür ist aber Transparentpapier als Zeichenfläche, normales Papier zerreißt bei dieser Behandlung in der Regel oder verliert viel an Substanz. Aufgrund dieser Besonderheit der Tusche müssen Lineale mit sogenannten Trennkanten verwendet werden. Diese verhindern, dass die Tusche unter das Lineal kriecht und eine große Schmiererei anrichtet.

Dieser Plan wurde mit dem Isograph gezeichnet. Da das Papier der Güte 80g/m² aber ungeeignet war, verlief die Tusche etwas. Daher empfiehlt sich die Verwendung festeren Papiers, z. B. mit 180g/m².

Eine empfehlenswerte Alternative für den Modellbahner mit normalem Zeichenbedarf ist der Isograph von Rotring, ein Tuschefüller mit nachfüllbarem Tuschetank und Edelstahlspitzen in insgesamt 15 Strichbreiten. Die Spitzen können leicht ausgetauscht werden, eine Zwischendurchreinigung ist dennoch anzuraten, aber verhältnismäßig rasch und sauber erledigt. Natürlich ist auch dieser Stift eintrocknungsgefährdet, Rotring empfiehlt daher die »waagerechte Ideallage«, um das Eintrocknen zu verhindern. In einer speziellen »pen station« genannten Abstellhilfe ist der Isograph sofort griffbereit. Die Tusche ist leichtfließend, lichtbeständig, nach dem Trocknen wisch- und wasserfest.

6.6.1.4. Konstruktionszubehör

Damit genug von den Stiften, wenden wir uns dem Konstruktionszubehör zu: Das wichtigste Zeichengerät hierbei ist das Geodreieck, das als Lineal, Winkelmesser und zum Zeichnen von Parallellinien dient. Vorteilhaft ist die große Ausführung mit Griff, aber natürlich tut es auch die vielleicht noch aus der Schulzeit vorhandene kleine Ausführung.
Wichtig ist, dass die aufgedruckten Skalen zum Parallelenzeichnen eine Millimeterskala aufweisen, denn ansonsten wird das Ziehen der Parallelen in diesem Größenbereich zum Zufallsspiel. An Linealen empfiehlt sich eine längere Ausführung von mindestens 30 cm, vorzugsweise in doppelseitiger Ausführung, also mit je einer Skala pro Kante.
Mit dem Zirkel zieht man am einfachsten die notwendigen Kreise oder Gleisbögen, logisch. Für unsere Zwecke ist es günstig, wenn der ausgewählte Zirkel eine Aufnahme für einen Faserstift oder Tuschezeichner hat. Denn seine Kreise nur mit der eingebauten Bleistiftmine zu ziehen, sieht gerade bei Plänen, die mit Tusche ins Reine gezeichnet werden sollen, unschön aus. Für alle anderen Zeichner, denen Bleistift-Pläne genügen, tut es natürlich auch ein einfacher Schulzirkel.

Natürlich achtet man bei seinem Zirkel auch darauf, dass er ausreichend stabil ist und nicht schon beim kleinsten Anstubsen den Radius verändert. Gut bewährt haben sich Ausführungen mit Rändelschraube zum Verstellen. Auch eine Verlängerung zum Zeichnen großer Radien ist eine gute Anschaffung.
Wer sehr große Radien zeichnen will, bei deren Konstruktion auch die Verlängerung des Zirkels nicht mehr ausreicht, nimmt ein Kurvenlineal. Es gibt da teure Profigeräte und günstige Ausführungen in Warenhausqualität, man muss selbst entscheiden, was einem das Zeichnen von Plänen wert ist.
Mit einem solchen Kurvenlineal kann man etwa in Übergangsbögen den mit dem Zirkel nicht zu bewältigenden Radius weiterführen, das aber nur in Etwa, keineswegs genau und exakt; es ist also ein relativ grobes Hilfsmittel.
Der Profi setzt zu solchem Zweck ein biegbares Lineal ein, das aus einem kunststoffummanteltem Bleikern besteht. Man kann es aufgrund seiner Konstruktion in jede nur denkbare Form biegen und erhält dabei saubere Kurvenradien.

6.6.1.5. Kolorieren

Ganz zum Abschluss noch ein paar Worte zum Kolorieren, also zum farbigen Auslegen des fertig gezeichneten Plans. Hat man seinen Plan mit Tusche gezeichnet, kann man ihn meistens mit Wasser- oder Aquarellfarben bunt auslegen – nicht alle Tuschen sind wasserfest! Mit Faserstiften gezeichnete Pläne scheiden in dieser Hinsicht aus, da sie nicht oder selten wasserfest sind.

Dieser Plan wurde mit Billigholzfarben aus dem Ramschladen koloriert. Das Farbergebnis ist eindeutig zu dunkel.

In der Regel greift der Modellplanzeichner daher zu Holzbuntstiften, die in nahezu allen erdenklichen Farben erhältlich sind. Ihr Einsatz ist weitgehend unproblematisch, zu bedenken ist aber, dass die Mine zumeist, aber nicht bei allen Fabrikaten recht bruchgefährdet ist. Daher geht man mit den Stiften behutsam um, etwa beim Anspitzen, und rammt sie nicht rücksichtslos in den Spitzer hinein.
Für ein sauberes Ergebnis verwendet man Stifte in der Ausführung mit härterer Mine (im Fachgeschäft nachfragen). Sie lassen sich sehr fein anspitzen und erzeugen einen exakten Strich.
Sehr schöne Effekte lassen sich mit wasservermalbaren (Achtung: nur bei wasserfesten Tuschen verwendbar) Farbstiften, etwa von Faber-Castell, erzielen. Die ausgelegte Fläche wird dabei mit einem nassen Pinsel »vermalt«, also angefeuchtet und die Farbe dabei in ihrer Oberflächenwirkung leicht, aber sehr schön wirkend verändert. Das ganze kommt dann schon einer Aquarellierung recht nahe.

Ein Tipp noch zum Schluss: Bei den sogenannten Polychromos-Künstlerfarbstiften von Faber-Castell handelt es um Malgeräte, deren Mine aus wasserfesten Ölkreide besteht. Durch das große Farbspektrum auf der Basis reiner Pigmente gewährleisten die Künstler-Farbstifte bleibende Farbintensität und hohe Deckkraft. Die Stifte haben eine besonders weiche Mine, die einen sanften, farbsatten und wischfesten Abstrich ermöglicht. Sie eigene sich aufgrund ihrer Produkteigenschaft zum großflächigen Kolorieren.

6.6.1.6. Tipps zum Zeichnen

Üblicherweise fixiert man seine ersten Ideen mit einfachen Bleistiftskizzen auf Papier. Man sollte sich aber nicht betrügen und realistische Radien (H0: mindestens 41,5 cm besser mehr, im sichtbaren Bereich so groß wie möglich, üblich sind mindestens 60 cm (N: 30 cm, Z: 20 cm)) und die Abmessungen des Bahnhofs zuvor festlegen. Man ist einfach hinterher nicht zufrieden, wenn z. B. D-Zug-Wagen in zu engen Radien weit überhängen, das zerstört die Illusion wieder.

Steigungen werden mit Bedacht angelegt, eine Steigung sollte 30 Promille nicht übersteigen (3 cm Höhengewinn auf einen Meter Strecke), darin liegen so viele Sicherheitsreserven, dass die Lok auch längere Züge anstandslos über die Rampe bringt. Bei Steigungen, die in Bögen angelegt sind, muss die Neigung verringert werden, z. B. reichen 25 Promille aus, damit eine V 100 einen Zehnwagenzug auch über kurvenreiche Steigungen ohne dabei zu schleudern bringt.

Man lässt seine Bleistiftentwürfe in Ruhe reifen, Änderungen sind mit Radiergummi immer noch möglich. Wenn der Plan dann fertig ist, wartet man noch mindestens eine Woche. Gefällt er dem Modellbahner dann immer noch, ist er wohl der richtige.

Auf Pauspapier, auch Transparentpapier genannt, wird er dann für die Reinzeichnung übertragen.

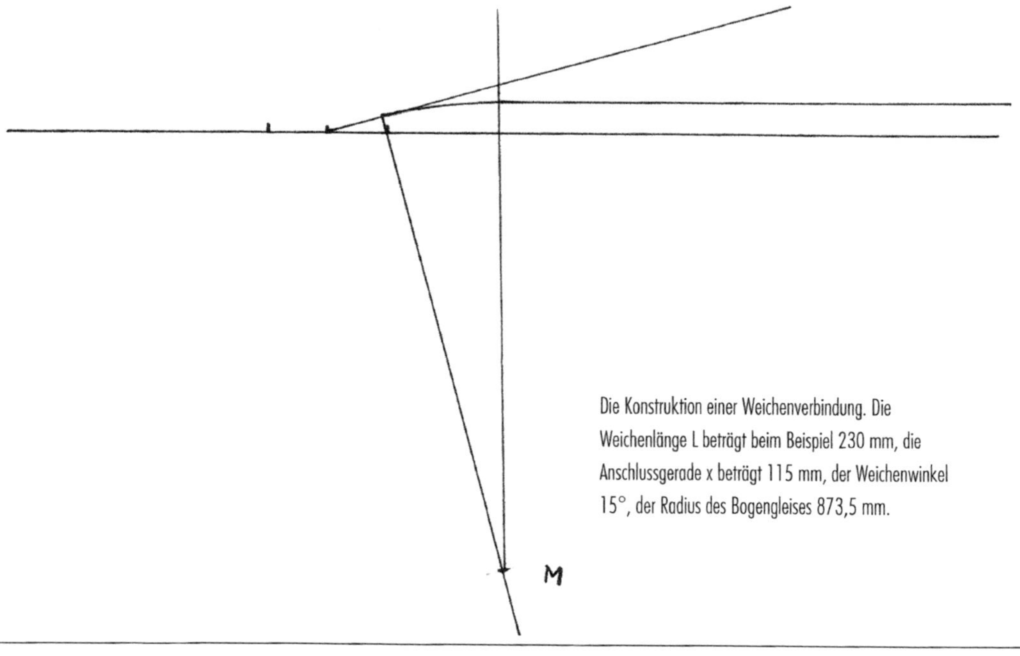

Die Konstruktion einer Weichenverbindung. Die Weichenlänge L beträgt beim Beispiel 230 mm, die Anschlussgerade x beträgt 115 mm, der Weichenwinkel 15°, der Radius des Bogengleises 873,5 mm.

Auch wenn der Gleisbogen wie empfohlen im Tunnel verschwindet, man sollte immer darauf achten, sich beim Zeichnen nicht selbst zu betrügen. Wenn der Zug im Tunnel der Wand bedrohlich nahe kommt, ist Ärger vorprogrammiert.

Wie konstruiere ich eine Weichenverbindung zeichnerisch? Gezeigt wird das anhand einer Roco-Line-Weiche mit einer Länge von 23 cm und einem Weichenwinkel von 15°. Gezeichnet wird eine Weiche ohne Darstellung des Bogens, der Einfachheit halber wird die Weiche auf einen Winkel reduziert.

Voraussetzung ist, dass der Modellbahnplaner die Einbaumaße des von ihm bevorzugten Gleissystems kennt. Notwendig ist die Kenntnis der Weichenlänge, des Weichenwinkels, des Bogenhalbmessers des Abzweigs und der sogenannten Anschlussgeraden x, y und z (siehe Skizze).

Dann zeichnet man zunächst das Stammgleis, dann ist die Länge der Weiche (L) zu markieren. Dann zeichnet man den Weichenmittelpunkt ein, er befindet sich dort, wo die Abzweigung ihren Anfang nimmt (die Anschlussgerade x verläuft vom Weichenanfang bis zum Weichenmittelpunkt). An diesem Punkt, dem Weichemittelpunkt also, legt man das Geodreieck an und reißt den Weichenwinkel an.

Mit dem Lineal wird dann eine Linie zwischen Weichenmittelpunkt und Weichenende gezogen, diese definiert die Anschlussgerade z. Vom Weichenende wird nun im rechten Winkel eine Hilfslinie gezogen und zwar bis zum Punkt M. Dieser wird durch den Radius des Bogengleises (873,5 mm) der Weiche definiert.

Mithilfe eines Winkelmessers wird der Weichenwinkel (15°) markiert und mittels Hilfslinie nach oben bis auf den Abzweig der Weiche verschoben. Dort definiert er die Stelle, an der der Bogen der Weichen wieder in die Gerade übergeht. Mit dem Zirkel ist nun von M aus ein Bogen zwischen Weichenende und dem definierten Punkt auf den abzweigenden Gleis zu ziehen, damit wird der Gleisstückbogen erzeugt. Damit ist die Weiche fertig gezeichnet.

Tipp

Maßgebend für den Plan sind natürlich immer die Raummaße. Die sollte man selber mit dem Zollstock ermitteln und sich dabei nicht auf Zeichnungen und Vermaßungen aus dem Hausbauplan bzw. aus Wohnungsgrundrisszeichnungen verlassen. In meinem Anlagenraum ist z. B. keine Ecke genau rechtwinklig, sondern es streut zwischen 85° und 95°! Wer seinen Plan ausgehend von rechtwinkligen Ecken von 90° erstellt, kann später durchaus überrascht werden: Nämlich dann, wenn der Gleisplan bei der Umsetzung an manchen Stellen nicht aufgeht und das Gleis der Wand bedrohlich nahe kommt, obwohl das in der Zeichnung doch noch unproblematisch ausgesehen hat. Mit einer sogenannten Schmiege kann man den/die Winkel der Ecken des infragekommenden Raums ermitteln.

6.7. Gleisplanung mit dem PC

Im zurückliegenden Jahrzehnt hat der PC die Planung einer Anlage revolutioniert, die Gleisplanung und den Anlagenbau wesentlich vereinfach. Nun können auch zeichnerisch und/oder künstlerisch weniger begabte Modellbahner einen sauberen, gut aussehenden Plan hinkriegen, der auch als Stückliste für den Einkauf der benötigten Gleistücke und Unterbauteile beste Dienste leistet.

6.7.1. Vorzüge

Derzeit sind eine Vielzahl von leistungsfähigen Gleisplanungsprogrammen auf dem Markt. Ihre Bedienung ist nach einiger Einarbeitungszeit im Prinzip für jeden, der schon einmal mit einem PC gearbeitet hat, relativ einfach. Ein PC-Gleisplanungsprogramm hat von der mehr oder weniger ausgeprägten Komplexität einmal abgesehen, eine Reihe von Vorteilen gegenüber Stift, Papier und Radiergummi.

- Weitgehend genaue Planung
- Rascher Planungsfortschritt
- Je nach Leistungsfähigkeit Planung bis ins Detail (Unterbaukonstruktion, Oberleitung, Verkabelung) möglich
- Änderungen jederzeit problemlos möglich
- Pläne über Drucker ausgebbar und beliebig oft zu vervielfältigen
- Ansichten aus verschiedenen Perspektiven bis zur Dreidimensionalität ohne Aufwand möglich

6.7.2. Was man beachten muss

Beim Kauf eines Programms muss man darauf achten, ob die Software einen sogenannten Zweidimensional- und Dreidimensional-Planer beinhaltet. Während erstgenannter nur die Draufsicht aus der Vogelperspektive ermöglicht, erlaubt letztgenannter auch dreidimensional-räumliche Ansichten.

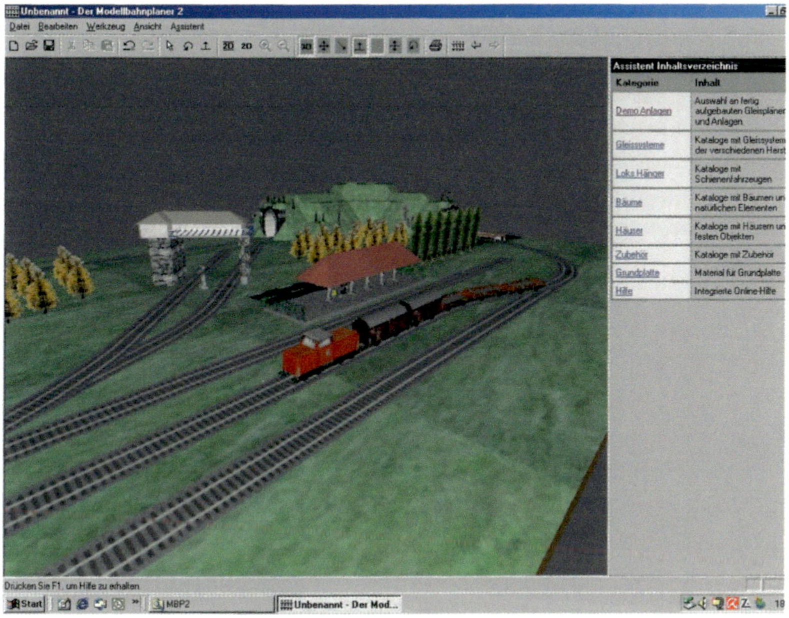

Ein Vorteil eines PC-Planungsprogramms ist die Möglichkeit, ohne großen Aufwand verschiedene Perspektiven der geplanten Anlage zu prüfen. Hier fällt der Blick schräg von oben auf das Ensemble.

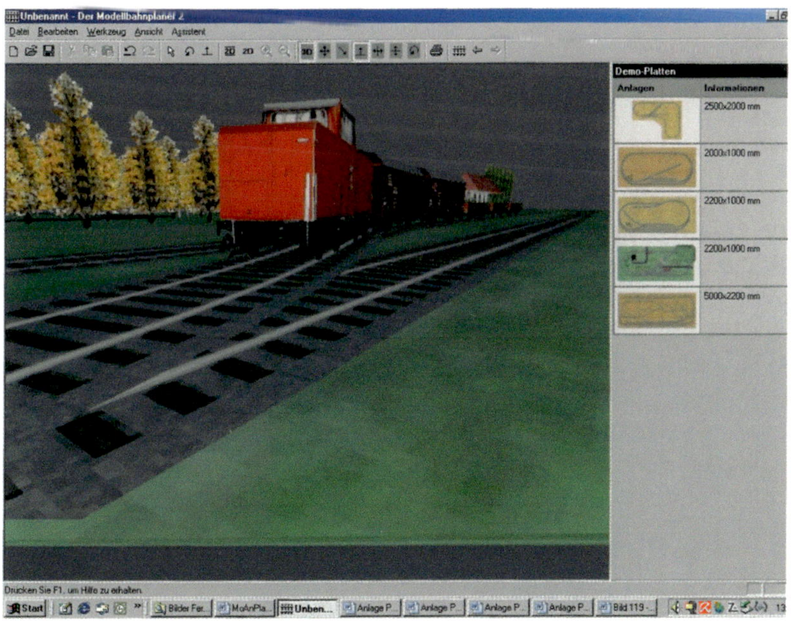

Nun dieselbe Anlage etwa in Augenhöhe betrachtet. Natürlich sind auch weiter Perspektiven möglich: ganz aus der Vogelschau, aus der gegenüberliegenden Ecke etc.

Im Buch »Modellbahn und PC« wird ausführlich in ein solches Programm eingeführt. Die Gleispläne des vorliegenden Buchs wurden mit WinRail ausgeführt und gezeichnet, womit freilich keine Empfehlung verbunden sein soll. Die Bedienung der einzelnen Software unterscheidet sich im Detail, allgemeine Informationen will ich hier kurz zusammenfassen.
Die Systemvoraussetzungen sind durchweg das Betriebssystem Windows 98, ME, NT, 2000 oder XP, ein Pentium-Prozessor mit mindestens 300 MHz sowie ein 32-MB-Arbeitsspeicher, die Festplatte sollte mindestens 45 MB freien Speicherplatz besitzen. Das Planungs-Programm wird so bedient wie andere Windows-Programme auch.
Was können solche Programme? Sie können, je nach Ausführung, Gleispläne im Maßstab von 1:1 bis 1:2000 maßstabsgetreu entwerfen, die Anlagenfläche kann bis zu – natürlich nur hypothetischen – 9 km^2 (!) betragen. Sehr viel praktischer als die Verwaltung solch einer gigantischen Fläche ist es dagegen, dass mit dem Programm z. B. Oberleitungen und Gleiswendeln konstruiert und angelegt werden können. Außerdem lassen sich Steigungen und Parallelstrecken einrichten.

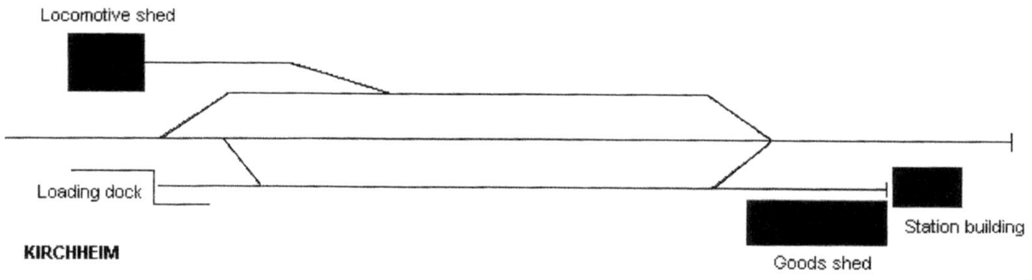

Eine Zeichnung aus der Computer-Steinzeit, als ein Planungsprogramm nur die Möglichkeit bot, Striche zu ziehen. Wie man sieht, genügt das aber für erste Entwürfe.

6.7.3. Bedienung

Man definiert die Größe der Arbeitsfläche und wählt die Anlagenform. Solche Programme verfügen über sehr große Gleisbibliotheken, als Sammlungen an Gleissystemen. Aus diesen wird das bevorzugte System ausgewählt, die einzelnen Gleisstücke wählt man durch Anklicken mit der Maus und platziert das Bauteil auf dem Plan.
Mit diesen Möglichkeiten lässt sich schnell eine Gleisplan entwerfen. Ein großer Vorteil eines solchen Programms, speziell von WinRail, ist die Möglichkeit Lücke, die durch Ausgleichsstückchen beseitigt werden müssen, nicht nur zu erkennen, sondern auch berechnen zu können. Maßtoleranzen werden also nicht einfach ausgeglichen, was den Plan verfälschen würde. Das Programm zählt vielmehr die Lücken zusammen, summiert sie in einem Punkt und der Modelbahner kann dann entscheiden, ob er ein Ausgleichsstück verwendet oder aus Flexgleise eine Maßanfertigung macht.

Flexgleise

Das Zeichnen von Flexgleisen gelingt von Hand mit biegsamem Lineal oder Kurvenlineal. Kann das ein Gleisplanungsprogramm auch? Höherwertige Programme sind dazu in der Lage, Gleislängen zu verarbeiten, die sich nicht in eine feste, vorher bestimmbare Geometrie einfügen lassen.
Unter WinRail z. B. werden die mittels Flexgleis zu verbindenden Strecken definiert und das Programm stellt selbsttätig eine realistisch geschwungene Flexgleisverbindung her.

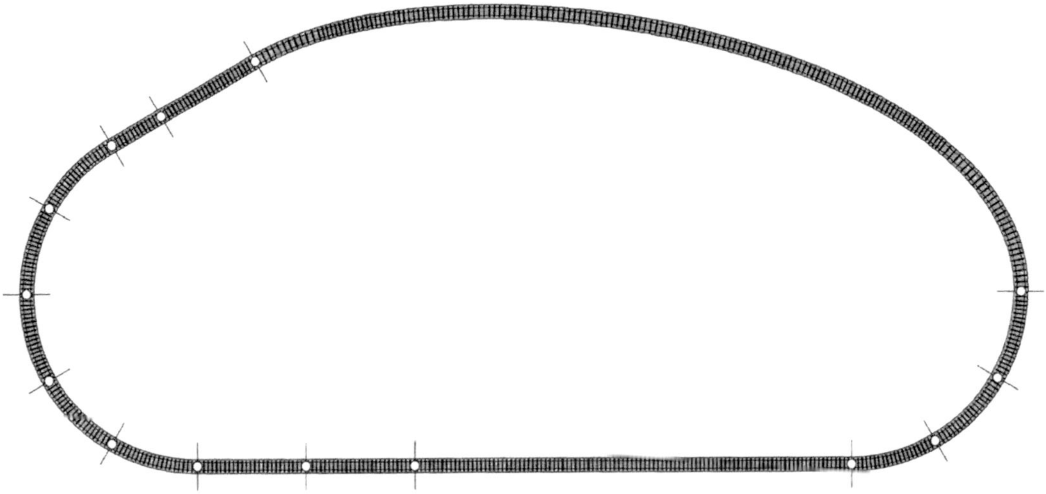

Die Konstruktion einer Flexgleisverbindung unter WinRail: Nachdem die beiden Streckenäste gezeichnet sind, klickt man auf das Symbol »Flexgleis einfügen« und schon zeichnet das Programm eine Verbindung.

Steigungen

Steigungen zeichnerisch herzustellen tut sich der normale Modellbahnplaner schwer. Unter WinRail z. B. wird dem Punkt, an dem die Steigung enden soll, eine feste Höhe zugewiesen. Aktiviert man dann das Kästchen »Steigung errechnen« hat man eine Steigungsstrecke angelegt. Eine Gefällstrecke legt man durch Eingabe einer negativen Zahl an.
Mit diesem Programm lassen sich auch Verdrahtungen und eine Oberleitung einzeichnen.
Zum Schluss noch ein paar Anmerkungen zur dreidimensionalen Ansicht, die einen ersten Eindruck vom selbst entworfenen Plan gibt. Schon Grundprogramme besitzen die Fähigkeit, die Ansichten der Anlage verändern zu können: Man kann die Anlage in der Vertikalen wie der Horizontalen kippen oder drehen und erhält unterschiedliche, aber aufschlussreiche Perspektiven der entstehenden Anlage.

Tipp

Wer beim Zeichnen Probleme mit der Software hat oder dem einfach etwas völlig unklar ist, kann sich bei den Herstellern des Gleisplanungsprogramms Hilfe holen. Dafür bieten die Produzenten Hotlines an, bisweilen kann man auch auf der Webseite des Unternehmens und der Schaltfläche »FAQ« (»frequently asked questions«, heißt soviel wie »häufig gestellte Fragen«) Hinweise und Antworten auf Probleme finden.

6.7.4. Vorgefertigte Gleispläne

Modellbahner, die es ganz einfach haben möchten, können auf vorgefertigte Gleispläne nicht nur in Broschüren, sondern auch auf CD ROM zurückgreifen. Bei allen Plänen wird in der Regel auch eine Stückliste mitgeliefert. Modellplan z. B. bietet umfangreiche Gleisplansammlungen für Bemo-Schmalspur-Anlagen, für die Baugrößen H0 (für Gleissysteme von Märklin, Fleischmann, Roco und PIKO), TT (Tillig-Gleis), N (Minitrix und Fleischmann-piccolo) und Z.

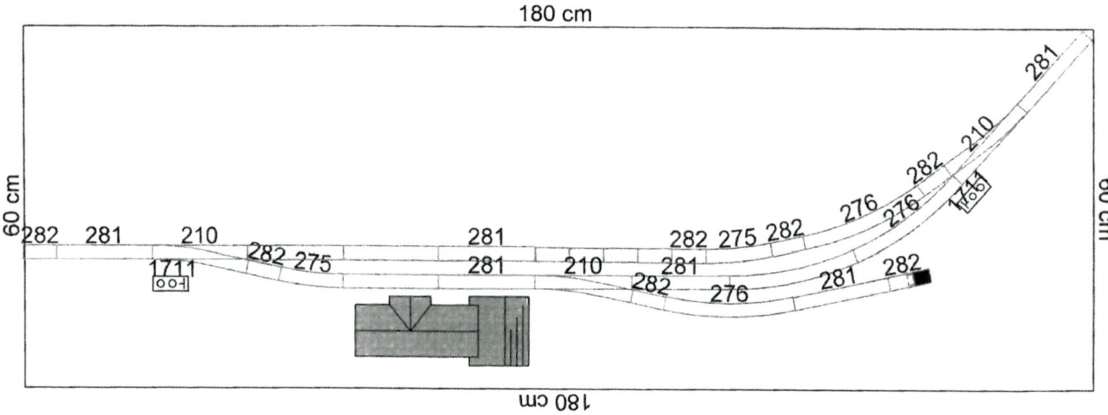

Vorgefertigte Gleispläne, hier z. B. von der Bemo-Gleisplan-CD. Zusätzlich gibt es auch eine Bedarfsliste mit Bestellnummern, basierend auf dem jeweiligen Gleissystem, sodass der Modellbahner, der den Plan nachbauen will, schnell zu einer Anlage kommen kann.

6.8. Ein ausgeführtes Beispiel

Nachdem Bahnhöfe und ihre Formen, Weichen und Gleisradien sowie das Zeichnen diskutiert worden sind, soll ein Beispiel das Gesagte etwas anschaulicher machen. In den Zeichnungen und Fotografien ist ein Durchgangsbahnhof an einer eingleisigen Hauptstrecke mit abzweigender Nebenbahn dargestellt.
Um den zur Verfügung stehenden Platz (Gleisnutzlänge) optimal ausnutzen zu können, zugleich aber auch nahe am Geschehen dabei zu sein, wird der Bahnhof in einem leichten Bogen angelegt, der sich sozusagen »um den Betrachter schmiegt«. Das hat den Vorteil, dass die Wagenverbände zum Betrachter hin immer ein geschlossenes Bild abgeben.
Eine Alternative wäre freilich die Anlage des Bahnhofs in der Diagonalen. Das kann aber unter Umständen etwas streng wirken und die gewünschte Wirkung verfehlen. Vorbildgerechter wirkt es auf jeden Fall, wenn man Flexgleise einsetzt, es geht aber natürlich auch mit konfektionierten Gleisstücken.

6.8.1. Schattenbahnhof

Die Beispielanlage erhält einen siebengleisigen Schattenbahnhof mit gleich langen Gleissträngen, die über Einfahrweichen angeschlossen sind. Alle Gleise enden an einer Drehscheibe. Sie fungiert als »Riesenweiche«, ermöglicht sie doch auf engstem Raum einen Gleiswechsel. Zugleich ist es möglich über sie Lokomotiven abzustellen. Das sichert einen abwechslungsreichen Lokeinsatz (siehe Plan Seite 108).

Der offene Schattenbahnhof dient dem Zerlegen und dem Bilden von Zügen. Das Foto wurde während der ersten Erprobungsfahrten gemacht. Denn die Kabel der oberen Anlagenfläche hängen noch wild herunter und müssen noch sauber befestigt werden.

Der Schattenbahnhof der Beispielanlage stellt eine Kombination aus stumpf endendem Schattenbahnhof und fiddle yard, wie die Abstellanlage mit Eingriffsmöglichkeit auch genannt wird, dar. In unserem Beispiel sollen also im Schattenbahnhof nicht nur Züge abgestellt werden, sondern es sollen dort auch Züge gebildet werden. Das geschieht, indem der Schattenbahnhof voll zugänglich an der Vorderseite der Anlage angeordnet und zudem nicht verdeckt ist. Man könnte die Öffnung natürlich noch verkleinern, etwa durch Blenden aus geeignetem Material.
Jedes Gleis erhält einen Entkuppler, über die Zugloks vom Zug getrennt werden können. Die Lok fährt dann über die Drehscheibe und setzt entweder um oder rollt auf eines der rechts angeschlossenen Triebfahrzeug-Abstellgleise.Somit können auf sechs Gleisen Züge abgestellt oder neu gebildet werden, ein Gleis muss frei belieben, dient es doch dem Umsetzverkehr oder den Rangierfahrten der Rangierlok. Natürlich kann es auch mal von einem Zug belegt werden, aber wenn der Bahnhof verstopft ist, ist guter Rat teuer und nur durch »erhöhten Rangieraufwand« ist die Lage wieder zu entspannen.

6.8.2. Der Bahnhof

Eine Etage weiter oben spielt sich ebenfalls das Geschehen mit dem Schwerpunkt Rangieren ab. Im Bahnhof steigen Fahrgäste zur Fahrt nach der unweit von hier abzweigenden Nebenbahn um. Natürlich tun sie das auch, wenn sie von der Nebenbahn kommen. In einem solchen Fall sind schon mal zwei der vier Stationsgleise belegt. Das Rangieren erfordert jetzt schon höhere Aufmerksamkeit.
Gelegentlich fahren Sonderzüge den Bahnhof an, weil er »in so schöner Gegend« liegt – gute Gelegenheit mal die BR 03 mit den Popwagen nicht nur einzusetzen, sondern auch

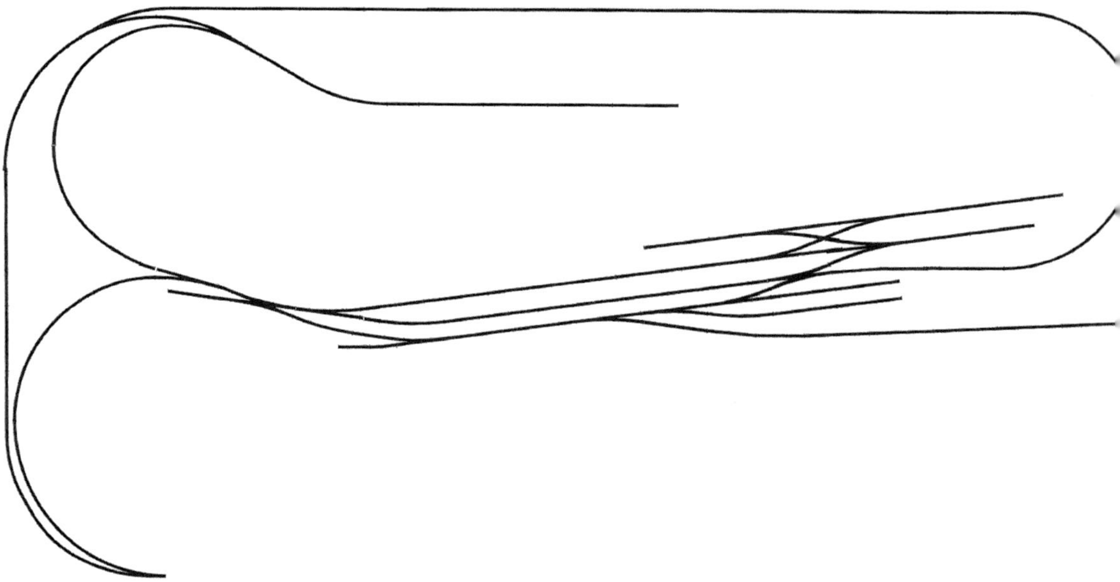

Der zugehörige Gleisplan des Bahnhofs. Als Besonderheit weist er im linken, übertunnelten Teil ein Gleisdreieck auf, das auf kleinster Fläche ein Wenden von Loks und Kurzzügen erlaubt. Die Strecke links unten führt zum gezeigten Schattenbahnhof; die Strecke im Mittelgrund führt zum Nebenbahnhof.

Die 03 hat eigentlich in dem kleinen Bahnhof nichts verloren, er ist das Betätigungsfeld kleinerer Maschinen wie der V 100 oder der V 60. Aber da der Bahnhof als Ziel für Sonderzüge konzipiert worden ist, lässt sich der Einsatz einer Schnellzuglok motivieren: Sie wartet hier nämlich auf die Rückleistung vor dem Sonderzug zurück in den Schattenbahnhof

mal anhalten zu lassen. Ansonsten würde die hier bestenfalls achtlos durchsausen. Damit sind u. U. schon drei Gleise belegt, das Rangieren wird jetzt zur Knobelei.
Da eine Durchgangsbahnhof an eingleisiger Strecke dargestellt worden ist, sind Durchfahrten auch längerer Züge (Personen- wie Güterzüge) denkbar, deren Halt in dem Bahnhof nicht nur unrealistisch, sondern auch von den Proportionen (kurze Bahnsteiglängen) nicht passen würde. Damit ist man dem gewünschten maximalen Betrieb schon nahe gekommen.
Der meisten Aufwand lässt sich mit den heiß geliebten Nahgüterzügen machen: Sie sind »von Natur aus« kurz, bisweilen nur vier oder fünf (auch noch weniger ist möglich) Wagen. Trotzdem kann der Modellbahner eine 50er davorsetzen und im Bahnhof umfangreiche Rangierarbeiten ausführen.

6.8.3. Fazit

Wie man am Gleisplan sieht, ist die Anlage nach dem Wunsch viel rangieren zu können entstanden. Es wurde auch auf lange Fahrmöglichkeiten geachtet, aufgrund der Anlagenform fahren die Züge aber oft »unter Tage«. Das ist der Kompromiss, der bei der gewählten Konzeption und den Raummaßen einzugehen war.
Die Landschaft kaschiert notwendige Gleiskehren und Zufahrten, es ist also keine Landschaftsanlage mit wirklichkeitsnahem Landschaftsbau. Ihr Gleisplan und die ganze Konzeption spiegeln also die Wünsche ihres Erbauers wider, zeigen aber auch die Kompromisse, vor allem in Rücksicht auf die Raumform und die Raummaße, die nun einmal gemacht werden müssen. Eine solche Rangieranlage ist kein empfehlenswertes Konzept für die kleineren Baugrößen mit ihren z. T. unbefriedigenden Langsamfahreigenschaften.

7. Schlusswort

Nun soll der Stift beiseite gelegt werden. Die wichtigsten Kriterien der Anlagenplanung sind angesprochen, ein hoffentlich nützlicher Leitfaden ist entstanden. Da der Nutzen des Buchs im Vordergrund stehen soll, folgt noch einmal eine übersichtliche Zusammenfassung der wichtigsten Aufgaben bei der Anlagenplanung.

7.1. Übersichtliche Zusammenfassung

Der Übersicht halber hier ganz kurz zusammengefasst die wichtigsten Schritte zur Anlagenplanung:

- Raumsuche
- Ausmessen des Raums
- Anlagenform entwerfen und Bedienungsbereiche festlegen
- Wunschgleisplan an Raum anpassen, ggf. besser passender Neuentwurf
- Kompromisssuche beenden
- Gleisplan (Bahnhof und Strecke) zeichnen
- Gleisplan liegen lassen und auf sich wirken lassen
- Plan unbedingt durchziehen
- Landschaft passend zum Gleisplan und dem zur Verfügung stehenden Raum abstimmen
- Unterbaukonstruktion, Einteilung der Anlage in zu bauende Teilabschnitte
- Schattenbahnhof bauen und für erste Betriebsspiele herrichten (z. B. mit mobilem Zugspeicher verbinden oder auf der Anlage Kehrschleifen provisorisch einrichten)
- Bau der Teilstücke oder des Gesamtwerks, je nach Planung
- Betriebsspiel genießen

7.2. Zukünftiger Spaß

Bei der Arbeit zu diesem Buch führte ich Unterhaltungen mit verschiedenen »gestandenen« Modellbahnern. Auf die Frage, wie er denn plane, antwortete mir ein »alter Hase« entlarvend: »Irgendwie und plötzlich steht das dann eben!« Dem Anfänger war damit natürlich nicht geholfen. Nichtsdestotrotz sei jedem Modellbahner, der nicht so recht weiß, wie er am besten mit dem Bau einer Anlage anfangen soll, der Besuch eines Modellbahnclubs empfohlen. Dort erhält er sicher viele wichtige Informationen und kann sich sicher auch Lust auf das Bauen und Fahren holen.

Damit ist das wichtigste zur Modellbahnanlagen-Planung gesagt. Natürlich hätte man das Thema auch noch ausweiten können und die Einzelschritte in der Planung der Elektrik, Elektronik, Steuerungstechnik etc. mit aufnehmen können. Das aber hätte den Rahmen des Buchs gesprengt.
Ziel war es, dem Anfänger verschiedene Wege aufzuzeigen, wie man eine Anlage planen und einen passenden Gleisplan entwerfen kann. Damit dürfte das Argument, »keinen Platz

für den Bau einer Anlage« zu haben oder nicht zu wissen, »wie man einen vernünftigen Gleisplan hinkriegt«, hinlänglich entkräftet worden sein.
So mancher wird zugeben, dass ihm nach so vielen Planungshinweisen der Kopf schwirrt. Ich bin der Ansicht, dass die Tipps in diesem Buch nur einen Bruchteil aller Hinweise im Zusammenhang mit dem Bau einer Modellbahnanlage darstellen.
Wer aber schon mal eine Anlage im halbfertigen Stadium voller Wut abgerissen hat und sich maßlos über die vergeudete Zeit und das verbrannte Geld geärgert hat, wird die These unterschreiben, dass man eigentlich nicht zuviel planen kann. So mancher erfahrene Modellbahner hat mir erzählt, dass er mitunter »jahrelang plant, ehe was passiert«, er also zu bauen beginnt.
Dieser Mann hat mir auch einen guten Tipp gegeben – der Authentizität halber hier im originalen schwäbischen Idiom wiedergegeben: »Kerle, hüte dich vor der Traumanlage, die wird nämlich nie fertig! Bau lieber was kloines aber feines! Und mach des net so kompliziert, du ärgersch dich sonscht grün ond blau!«
In diesem Sinne viel Spaß bei der Planung der – hoffentlich eines Tages so gut wie fertigen – Anlage.

Feierabend! Statt zu Fuß nach Hause zu gehen, nimmt der Lokführer heute mal 'nen Porsche.

8. Anhang

8.1. Stichwortverzeichnis

8.2. Weiterführende Literatur

Jürgen Albrecht u. a.: Große Spuren; Düsseldorf 2003

Karl Albrecht und Michael Echterbecker: Mini-Club-Praxis. Systemerklärung, Planung, Aufbau und Betrieb; Göppingen 2003

Rainer Albrecht und Ilona Eckert: Grundwissen. Eine Anlage entsteht; Augsburg 2005

Klaus Bochmann: Modellbahnplanung. Motive für die Praxis. Planung und Betrieb vorbildgerechter Anlagen; Freiburg i. Brsg. 1998

Florian Eisen: Kleine Welt auf Rädern. Das faszinierende Spiel mit Modelleisenbahnen; Niedernhausen/Taunus 1990

Günter Fromm: Gleispläne für Modellbahnanlagen und Bahnhöfe; Stuttgart 2005

Joachim M. Hill: Modellbahn-Anlagenplanung. Der richtige Weg zur vorbildgetreuen Modellbahn; Düsseldorf 2007 (7. Aufl.)

Klaus Jopp: Das H0-Gleisplanbuch; Salzburg 1989

Georg Kerber und Andreas Stirl: Das große Buch der Modellbahn-Werkstatt; Stuttgart 2007

Günther Kutter: Das 1 x 1 der Modelleisenbahn. Einstieg leicht gemacht. Alle Größen, Planung, Anlagenbau, Fahrzeuge, Zubehör, Technik, Digital; Fürstenfeldbruck 2003

N.N.: Die neue Modellbahn-Werkstatt. Tipps und Tricks für Einsteiger und Profis; München 2007

Gustav Reder: Mit Uhrwerk, Dampf und Strom. Vom Spielzeug zur Modelleisenbahn; Düsseldorf 1988 (2. Aufl.)

Ralf Reinmuth und Gerald Wirag: Modellbahn-Basteleien; Stuttgart 2008

Joachim Schnitzer: Profi-Tipps für die Modellbahn-Werkstatt; Stutttgart 2006 (Spezialausgabe)

Thomas Riegler: Modellbahn-Anlagen detailliert planen & gestalten; Poing 2008

Ralph Zinngrebe: Das H0-Gleisplanbuch. Gleis- und Anlagenplanung; Freiburg i. Brsg. 2002

8.3. Adressverzeichnis von Modellbahn-, Modellbahnzubehörherstellern sowie Produzenten wichtiger Hilfsmittel zu Gleisplanungszwecken (Auswahl ohne Anspruch auf Vollständigkeit)

Abbink Software Entwicklung
Lauerstraße 42
41812 Erkelenz
02432/908333
www.abbinksoftware.de
(liefert Modellbahnsteuerungssoftware WinDigital)

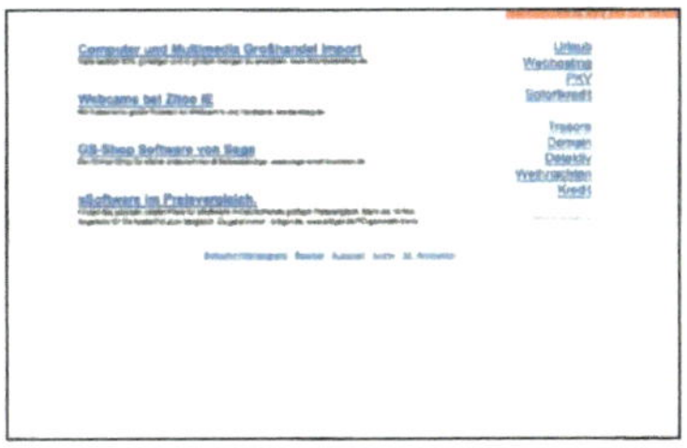

Aerosoft GmbH
Lindberghring 12
33142 Büren
www.aerosoft.de

Auhagen GmbH
OT Hüttengrund 25
09496 Marienberg
www.auhagen.de

Bachmann Industries Europe Ltd.
An Umspannwerk 5
90518 Altdorf
www.liliput.de

Bemo Modelleisenbahnen GmbH u. Co.
Stuttgarter Straße 59
73066 Uhingen
www.bemo-modellbahn.de

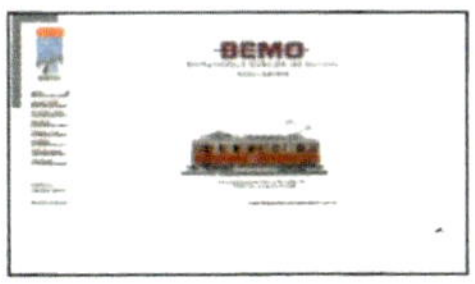

Besig Präzisionsmodellbau
Postfach 551103
90218 Nürnberg
Tel./Fax 0911/835843
www.besiggmbh.de

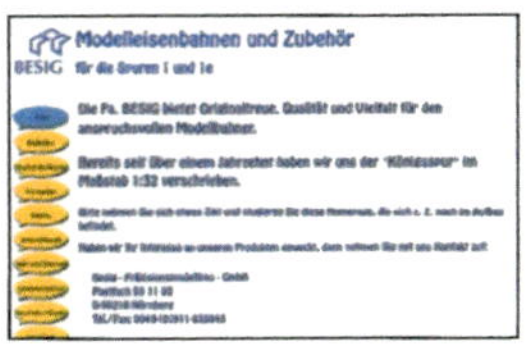

Gunnar Blumert
Waldstraße 117
25712 Burg/Dithmarschen
Tel. 04825/2892
Fax 04825/1217
www.blumert.de

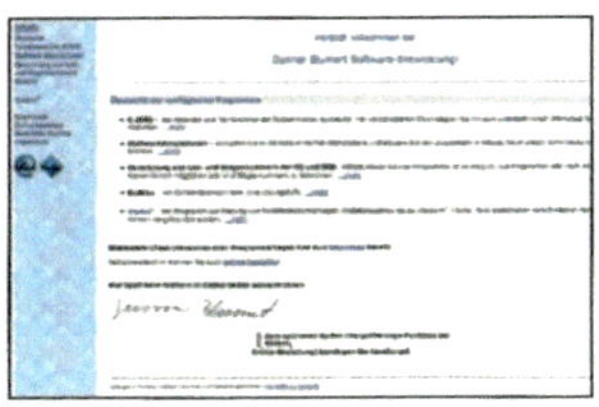

Brawa GmbH & Co.
Uferstraße 26-28
73630 Remshalden
Tel. 07151/979350
Fax 07151/74662
www.brawa.de

Brekina Modellspielwaren GmbH
Carl-Benz-Straße 1
79331 Teningen
www.brekina.de

Busch Modellspielwaren GmbH & Co. KG
Heidelberger Straße 26
68519 Viernheim
www.busch-model.com

Conrad Elektronik
Klaus-Conrad-Straße 2
92530 Wernberg-Kölbitz
Tel. 09604/408988
Fax 09604/408936
www.conrad.biz

Josef Dusch Modellbahn
Gemeinderied 28
87463 Dietmannsried
Tel. 08374/7386
www.dusch-modellbahn.de
(liefert Planungshilfe zur Erstellung eines Gleisbildstellpults)

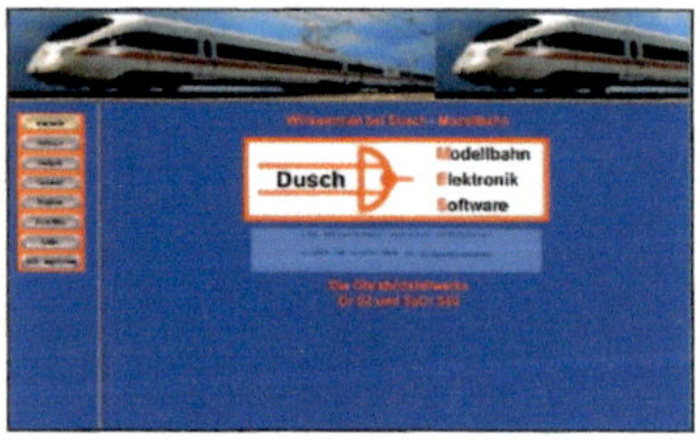

Erbert Modellbahntechnik
Bodenweg 9
36266 Heringen
Tel. 06624/8954
www.erbert-signale.de

ESU Electronic Solutions Ulm GmbH
Am Tiefen See 5
75433 Maulbronn
Tel. 07043/907530
Fax 07043/907536
www.loksound.de

Faller GmbH
Kreuzstraße 9
78148 Gütenbach
www.faller.de

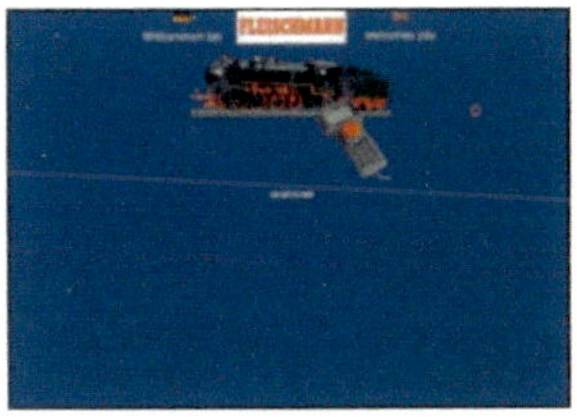

Gebr. Fleischmann GmbH & Co. KG
Postfach 91 01 48
90259 Nürnberg
Tel. 0911/3370-0
Fax 0911/3370-299
www.fleischmann.de

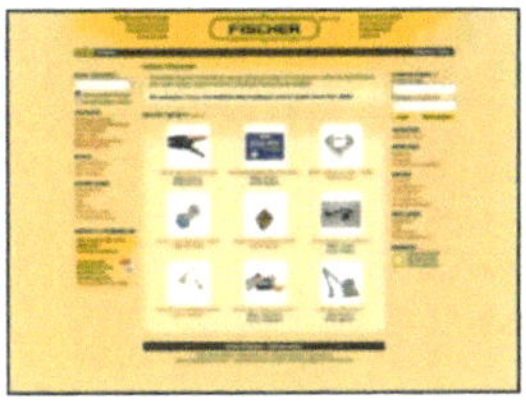

Karl Fischer GmbH
Berliner Str. 18
75172 Pforzheim
Tel. 07231/31031
Fax 07231/310300
www.goldschmiedebedarf.de

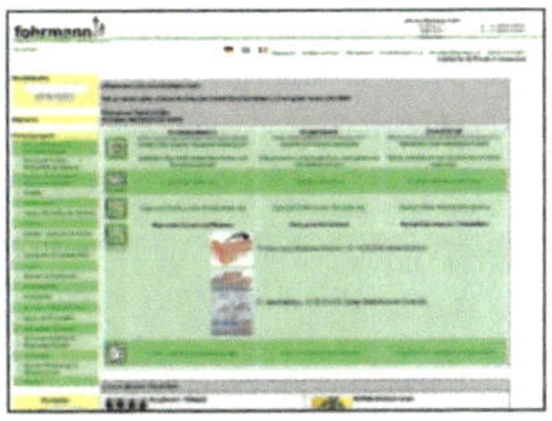

Fohrmann-Werkzeuge GmbH
Am Klinikum 7
02828 Görlitz
Tel. 03581/429628
Fax 03581/429629
www.fohrmann.com

J. Freiwald Software
Lerchenstraßer 63
85635 Hohenkirchen
www.freiwald.com
(liefert TrainProgrammer, mit dem Decoder eingestellt werden können)

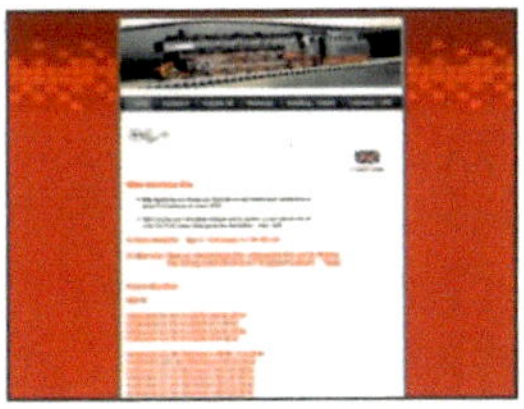

Stefan Glasmachers
Geranienstraße 24
75031 Eppingen
Tel. 0228/2664518
www.glasmachers.com

Gützold GmbH & Co. KG
Marienthaler Straße 7
08060 Zwickau
www.guetzold.de

Heki Kittler GmbH
Am Bahndamm 10
76437 Rastatt
www.heki-kittler.de

Heris Modelleisenbahn
Kaesbachstraße 17
41063 Mönchengladbach
www.heris-modelleisenbahn.de

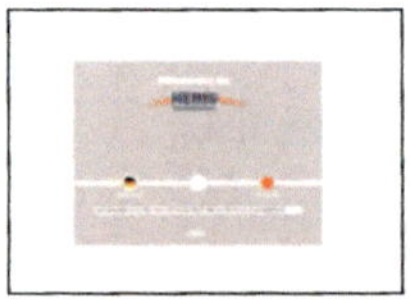

Herkat
Schloßäckerstraße 24
90443 Nürnberg
www.herkat.de

Herpa Miniaturmodelle GmbH
Leonrodstraße 46-47
90599 Dietenhofen
www.herpa.de

HLS Berg GmbH & Co.
Am Daßenborn 20
D-57482 Wenden-Hünsborn
Tel. 02762/979282
Fax 02762/979283
www.train-safe.de

Imotec
Elchstraße 16
72768 Reutlingen
Tel. 07121/67244
Fax 07121/603302
www.imotec-modellbahn.de

Ralf Kesselbauer
Funktionsmodellbau
Hindenburgstrasse 37
71711 Murr
Tel. 07144/97494
Fax 07144/897997
www.kesselbauer-funktionsmodellbau.de

Kibri Spielwarenfabrik GmbH
Otto-Lilienthal-Straße 40
71034 Böblingen
www.kibri.com

T. Kuehn
Floßweg 61a
53604 Bad Honnef
www.kuehn-digital.de

Lenz Elektronik GmbH
Hüttenbergstraße 29
35398 Gießen
Tel. 06403/900133
Fax 06403/5332
www.digital-plus.de

LGB
Gebr. Märklin & Cie. GmbH
Postfach 860
73008 Göppingen
Tel. 07161/608-0
www.lgb-bahn.de

Liliput siehe Bachmann

Littfinski Datentechnik
Osterholder Straße 15
A-25482 Appen
Tel. 0043/1/553028
Fax 0043/1/553029
www.ldt-infocenter.com

Gebr. Märklin & Cie. GmbH
Postfach 860
73008 Göppingen
Tel. 07161/608-0
Fax 07161/608-20
www.maerklin.de

Modellplan
Reußensteinweg 4
73037 Göppingen
Tel. 07161/816062
Fax 07161/88575

MÜT GmbH
Neufeldstraße 17
85232 Bergkirchen
Tel. 08131/71045
Fax 08131/80760
www.muet-gmbh.de
www.digirail.de

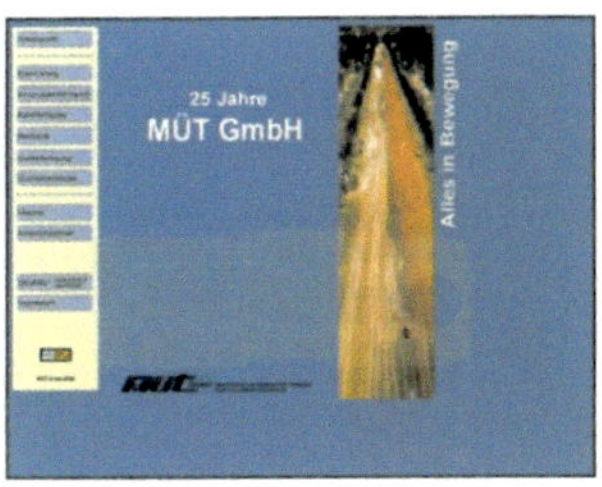

Noch GmbH & Co.
Lindauer Straße 49
88239 Wangen
Tel. 07522/9780-0
Fax 07522/9780-80
www.noch.de

Peco
Pritchard Patent Product Co. Ltd. Uderleys
GB-Beer/Nr. Seaton
Devon EX 12 3NA
www.peco-uk.com

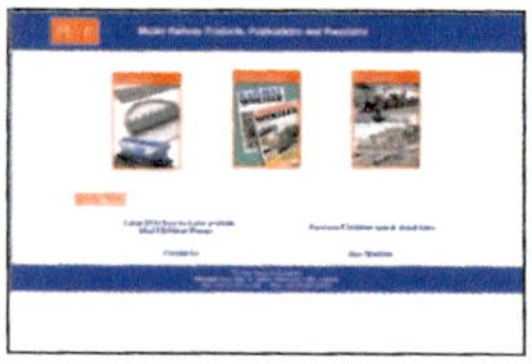

Peter Post Werkzeuge
Industriestraße 28
37115 Duderstadt
Tel. 05527/4694
Fax 05527/71815
www.peter-post-werkzeuge.de

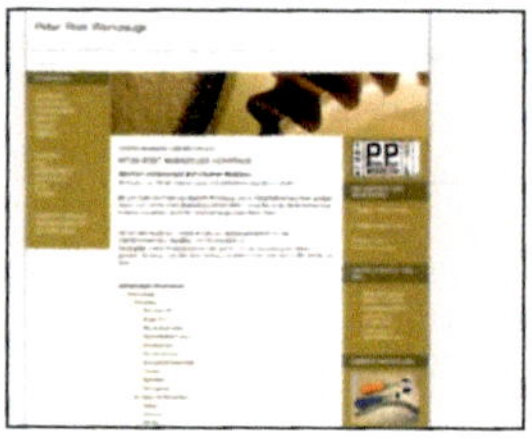

Piko Spielwaren GmbH
Lutherstraße 30
96505 Sonneberg
www.piko.de

Hans Poscher
Viersenerstraße 77
41571 Viersen
Tel. 02162/50644
(liefert Geräusche-CD)

Preiser GmbH
Postfach 1233
91534 Rothenburg o. d. T.

Rautenhaus
Über: MDVR
Walter Radtke
Unterbruch 66c
47877 Willich-Schiefbahn
Tel. 02154/951318

Rhoba-Chemie GmbH
Gustav-Winkler-Straße 32a
33699 Bielefeld
Tel. 0521/417174
Fax 0521/4171760
www.rhoba-chemie.com

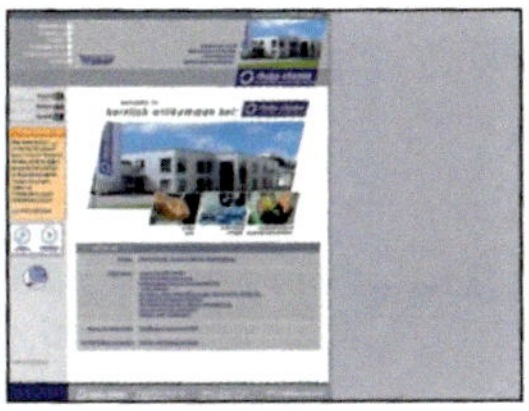

Roco – Modelleisenbahn GmbH
Plainbachstr. 4
A-5101 Bergheim
Tel. 0043/5/7626-0
Fax -1599
www.roco.co.at

Sommerfeldt GmbH
Friedhofstraße 42
73110 Hattenhofen
www.sommerfeldt.de

Symoba Modellbahnsysteme Schniering KG
Auf Dem Schollbruch 28
45899 Gelsenkirchen
Tel. 0209/56933

Tillig Modellbahnen GmbH & Co. KG
Promenade 1
01855 Sebnitz
www.tillig.com

Tams Elektronik GmbH
Sievertstraße 22
30625 Hannover
Tel. 0511/556060
Fax 0511/556161
www.tams-online.de

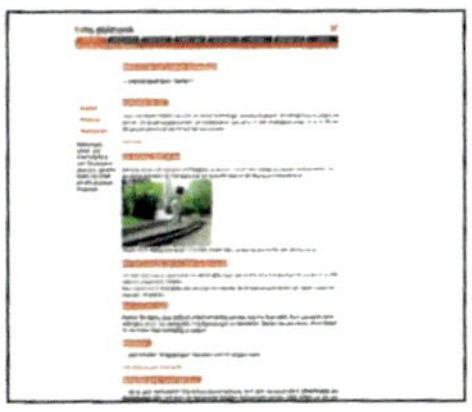

Trix Modelleisenbahn GmbH & Co. KG
Postfach 49 24
90027 Nürnberg
www.trix.de

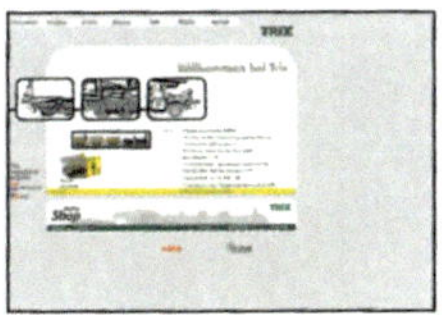

Uhlenbrock
Mercatorstraße 6
46244 Bottrop
Tel. 02045/858327
www.uhlenbrock.de

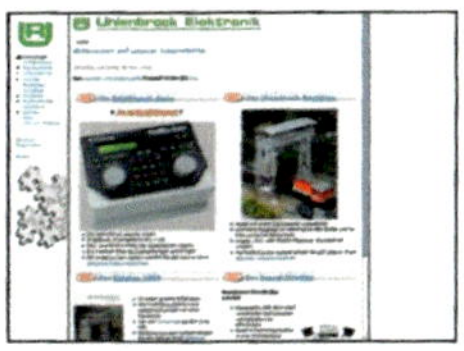

Viessmann Modellspielwaren GmbH
Am Bahnhof 1
35116 Hatzfeld
www.viessmann-modell.de

Vollmer GmbH & Co.
Porschestraße 25
70435 Stuttgart
www.vollmer-kit.de

Weinert Modellbau
Mittelwendung 7
28844 Weyhe/Dreye
Tel. 04203/9464

Westfalia Werkzeugco. GmbH & Co. KG
Werkzeugstraße 1
58082 Hagen
Tel. 0180/5303132
Fax 0180/5303130
www.westfalia.de

Wiking Modellbau GmbH & Co. KG
Schlittenbacher Straße 60
58511 Lüdenscheid
www.wiking.de

ZIMO
Schönbrunner Straße 188a
A-1120 Wien
Tel. 0043-1813/1007-0
Fax 0043-1813(1007-8
www.zimo.at

8.4. Zeitschriften

Eisenbahn Journal, erscheint bei: VGB
Eisenbahnkurier. Vorbild und Modell, erscheint im: EK-Verlag GmbH, Heinrich-von-Stephan-Straße 15, 79100 Freiburg, Tel. 0761/70310-0, Fax 0761/70310-50

Eisenbahn Magazin, erscheint im Alba Fachverlag GmbH & Co. KG, Willstätterstraße 9, 40549 Düsseldorf, Tel. 0211/520130, Fax 0211/5201328

HP1. Eisenbahnmodellbau heute, erscheint in der Willy Kosak Verlagsgesellschaft mbH, Burgstraße 21, 91284 Neuhaus, Tel. 0956/998983, Fax 09156/998984

MIBA. Die Eisenbahn im Modell, erscheint bei VGB: MIBA Verlag GmbH, Senefelderstraße 11, 90409 Nürnberg, Tel. 0911/51965-0, Fax 0911/51965-40, www.miba.de

Modelleisenbahner. Magazin für Vorbild und Modell, erscheint bei: Verlagsgruppe Bahn GmbH, Am Fohlenhof 9a, 82256 Fürstenfeldbruck, Tel. 08141/534810

8.5. Modellbahnanlagen und -schauen

Modellbahnland Erzgebirge – Annaberger Modellbahnen GmbH & Co. KG, Annaberger Straße 27a, 09488 Wiesa, Tel. 03733/596357, Fax 03733/596358, www.annaberger-modellbahnen.de, Annaberger-Modellbahnen@t-online.de (Anlage der Baugröße 1)

Deutsches Dampflok-Museum im ehemaligen Bw Neuenmarkt-Wirsberg, Birkenstraße 5, 95339 Neuenmarkt, Tel. 09227/5700, Fax 09227/5703, www.dampflokmuseum.de

Euro-Tecnica, 53940 Losheim/Eifel, Tel. 06557/920640, Fax 06557/920645, www.euro-tecnica.de, euro.tecnica@t-online.de (Anlage der Baugröße H0)

Lok Land Modellbahnausstellung, Hofer Straße 14, 95152 Selbitz, Tel. 09252/92294, Fax 09252/916520, www.lokland.de, info@lokland.de (Anlage der Baugröße H0)

Miniatur Wunderland Hamburg GmbH, Kehrwieder 2 Block D, 20457 Hamburg, Tel. 040/36091157, Fax 040/36091158, www.miniatur-wunderland.de, info@miniatur-wunderland.de (Modellbahn der Baugröße H0)

Modellbahn Wiehe GmbH, Am Anger 19, 06571 Wiehe, Tel. 01805/909011, Fax 034672/83633, www.mowi-world.de (zwei H0-Anlagen, eine TT-Anlage, zwei LGB-Anlagen)

Modell-Show Merklingen, Siemensstraße 2, 89188 Merklingen, Tel. 07337/923194, Fax 07337/923195, www.modellbahnshow.de

Harzer Modellbahnzentrum Lautenthal GmbH, Wildemanner Straße 9, 38685 Langelsheim, Tel. 05325/546100, Fax 05325/546119, www.spedifix.de/modellbahn (sechs Anlagen der Baugrößen LGB, I, H0, TT, N und Z)

WEITERE INTERESSANTE BÜCHER ZUM THEMA

Auf den meisten Modellbahn-Heimanlagen finden sich häufig nur doppelseitige Hauptbahnen. Die Betriebsanlagen der Nebenbahnen sind kleiner und benötigen daher weniger Raum, weshalb sich der Nachbau dieser für einen Nachbau im Modell sehr viel besser eignet. Das Buch gibt dem Modellbahner einen Einblick in die Materie der Nebenbahn mit all ihren Facetten.

160 Seiten, 182 Abb., 170 x 240 mm

ISBN 978-3-613-71711-7

€ 39,90 | € (A) 41,10

Dieses Lexikon sollte in keiner Werkstatt fehlen, denn in über 1.300 Stichwörtern und knapp 250 Bildern stecken jede Menge Know-how über das Vorbild und seine Nachbildung auf der Modelleisenbahnanlage sowie Fachwissen rund um den Selbstbau von Anlage, Fahrzeugen und Elektronik.

256 Seiten, 250 Abb., 170 x 210 mm

ISBN 978-3-613-71697-1

€ 19,95 | € (A) 20,60

Auch Modellbahn-Loks müssen gepflegt und gewartet werden, denn manchmal bleiben auch sie mit einer Panne liegen. Schnelle Hilfe vermittelt dieser praktische Ratgeber, in dem Modellbahner alles Wichtige rund um Wartung, Pflege und Reparatur ihrer kleinen Elektrofahrzeuge erfahren.

136 Seiten, 130 Abb., 170 x 240 mm

ISBN 978-3-613-71568-4

€ 39,90 | € (A) 41,10

Der Elektronik-Experte Claus Dahl erklärt, wie der analoge Gleich-strombetrieb sinnvoll und effektiv für die Steuerung der Modellbahn am Gleis genutzt werden kann. Also genau das richtige Buch für alle Modelleisenbahner, die ihre Modellbahnanlage nicht digitalisieren möchten.

176 Seiten, 179 Abb., 165 x 230 mm

ISBN 978-3-613-71669-8

€ 39,90 | € (A) 41,10

Leseproben zu allen Titeln auf unserer Internetseite

Stand Januar 2024
Änderungen in Preis und Lieferfähigkeit vorbehalten.

Überall, wo es Bücher gibt, oder unter
WWW.MOTORBUCH-VERSAND.DE
Service-Hotline: 0711 / 78 99 21 51

www.facebook.com/MotorbuchVerlag